图说 气象知识

《图说经典百科》编委会 编著

彩色图鉴

南海出版公司

图书在版编目（CIP）数据

图说气象知识 / 《图说经典百科》编委会编著. ——
海口：南海出版公司，2015.9（2022.3重印）
ISBN 978-7-5442-7975-8

Ⅰ．①图… Ⅱ．①图… Ⅲ．①气象学－青少年读物
Ⅳ．①P4-49

中国版本图书馆CIP数据核字（2015）第204916号

TUSHUO QIXIANG ZHISHI

图说气象知识

编　　著	《图说经典百科》编委会
责任编辑	张爱国　陈琦
出版发行	南海出版公司　电话：（0898）66568511（出版）
	（0898）65350227（发行）
社　　址	海南省海口市海秀中路51号星华大厦五楼　　邮编：570206
电子信箱	nhpublishing@163.com
经　　销	新华书店
印　　刷	北京兴星伟业印刷有限公司
开　　本	787毫米×1092毫米　1/16
印　　张	7
字　　数	70千
版　　次	2015年12月第1版　　2022年3月第2次印刷
书　　号	ISBN 978-7-5442-7975-8
定　　价	36.00元

你了解地球吗？你知道是谁给地球披上神秘外衣的吗？你见过神秘奇异的佛光吗？你听说过缥缈虚幻的海市蜃楼吗？你会看云观天气吗？你喜欢冬日里堆个雪人、打个雪仗吗？……

本书将带你进入一个变化万千、妙趣横生的气象大世界。这里有你闻所未闻的虚幻意象，有奇妙无穷的风云世界，有奇光异彩的美丽天空，有妙趣万千的气象知识，让你领悟酷暑与严寒的交替，带你瞬间进入不同的景况。翻开这本书，你将站在神秘天空的巨大舞台上，亲眼看见多姿多彩的云霞，亲身体验变化万千的风雨，亲手触摸漫天飞舞的雪花，亲密感受绽放异彩的极光、暮光和曙光，还有那惊心动魄的雷电、狂暴肆虐的台风、声势浩荡的龙卷风……它们所扮演的一个个生动而鲜明的角色，上演的一幕幕妙趣横生的剧目，让你目不暇接。

本书还将从大气、风、云、雪、自然灾害等方面深入探讨气象方面的种种知识。其中气象灾害是发生最为频繁而又极容易造成严重损失的自然灾害。干旱、洪涝、台风、暴雨、冰雹等灾害，时刻威胁着人民生命和财产的安全，使国民经济遭受巨大的损失。在中国，每年因气象灾害而导致的死亡人员90%以上都发生在农村，给农业生产和农民生活带来了极大困扰，认识农村气象安全问题势在必行！为此，本书还详细介绍了多种气象灾害。

本书以精练的篇幅、优美的文字、简单易懂的内容，从多方面真切生动地向青少年介绍了多种气象问题，不仅文字生动活泼，同时还配有大量精美图片，最大限度地帮助你关注气象、探讨气象、了解气象。放开你的脚步，张开你的双臂，在气象知识的海洋里游弋，在大自然的风霜雨雪中尽情翔翔吧……

目录
Contents

Ch1 1 给地球穿上外衣的大气

Ch2 17 影响地球冷暖的风

Ch3 37 变化多端的云

图说气象知识

图说经典百科

III

目

录

Ch4 53 雨的神秘世界

Ch5 69 美丽的雪花使者

目录
Contents

Ch6 83 走过夏天的"火焰山"

Ch7 99 冰天雪地里的寒冬

第一章
给地球穿上外衣的大气

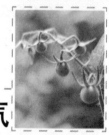

　　大气是气象变化的执行者，它是包裹着地球的结结实实的外套，它使得地球中有了生命，它的存在至关重要。在银河系的众多星球中，唯有地球是五彩斑斓、生机盎然的，存在着各式各样精彩的生命，这些生命的存在得益于大气这层保护圈的存在。它的存在不是一朝一夕就能形成的，它伴随着地球的成长而成长。风霜雨雪、春夏秋冬，变化多端的气候都是我们日常生活中关注的焦点。

大气层是生命的"保护伞"

在茫茫宇宙中，地球风起云涌，五彩斑斓，生活着各式各样的动植物，你知道这是为什么吗？原因当然很多，但其中有一个非常重要的因素，就是地球有一层将自己包裹得严严实实的大气层。

↓阳光穿透大气层照射到地面

大气年龄

大气，就是包裹在地球外部的空气，它的总厚度可达1000千米。

世间万物都有着自身产生和发展的过程，大气也不例外。大气是伴随着地球的形成而逐渐诞生和成长的。

在地球形成的初期，地球内部和表面都有空气。在与地球一起成长的数十亿年中，随着地球温度的

↑太空

为电离层（能反射无线电短波）和中性层（又叫非电离层）。

世界气象组织按照整个大气层的成分、温度、密度等性质在垂直方向的变化，将大气层分为对流层、平流层、中间层、热层和外层。

对流层的平均厚度约为12千米，是最接近地面的一层，这一层大气受地球影响较大，云、雾、雨等现象都发生在这一层内。这一层的气温随高度的增加而降低，每升高1000米，温度约下降5—6℃。

平流层在对流层顶部，直到高于海平面50—55千米的这一层，平均温度在－3℃左右，并且上冷下热，温度随高度上升而下降。平流层有一层臭氧层，能过滤紫外线，是地球名副其实的"保护伞"。

中间层位于平流层顶部以上至距地球表面85千米处，平均温度约为－93℃。

热层又叫电离层，位于中间层顶部到距地面250—500千米的大气层，温度很高。热层以上称为外层大气。

变化、引力的作用以及动植物的出现，大气便逐渐演变成了现在这样以水汽、氮、二氧化碳和氧为主要成分的情况。

大气层分类

大气是不是就是我们平常所看到的那样，只是地球一层看不见的外衣呢？

其实，大气是有分层的，而且不同的层之间的特性有着不小的差异。大气分层的依据很多，人们根据不同的依据提出了不同的分法。比如分为均质层和非均质层，或分

地球独特的大气

我国关于大气的研究最早的是古代思想家老子。他认为万物是由阴、阳二气化生而成，阳气轻，在上，为天；阴气重，在下，为地。而西方的亚里士多德则认为，自然界是由火、气、水、土四种最基本的物质元素所组成。然而，人类直到近代才发现，自然环境中的大气是由干洁空气、水汽和多种悬浮颗粒物质所组成的混合物，并可大致分为恒定组分、可变组分和不定组分三种类型。

气

干洁空气一般都存在于对流层中，它主要是由氮气和氧气两种气体组成，其余是氩、二氧化碳和许多微量气体。

氮气在常温下不活泼，人、动物和许多微生物都不能直接利用它，但植物却离不开它。氧气是人类、动物和许多微生物新陈代谢不能缺少的气体成分。

大气中大部分微量气体，对人和环境一般没有什么影响。但有些微量气体含量虽少，作用却不小。如臭氧，虽然它的含量甚微，大约占大气成分的十万分之几，但它能强烈地吸收太阳紫外线，使地面上的生物免遭杀伤。研究表明，接触适量的紫外线能杀菌防病、促进钙的吸收和利用，有利于健康。

水

大气中的水汽来源于水面、潮湿物体的表面、植物叶面的蒸发。由于大气温度远低于水的沸点，因而水在大气中有相变效应。

水汽含量在大气中变化很大，是天气变化的主要角色，云、雾、雨、雪、霜、露等都是水汽的各种形态。水汽能强烈地吸收地表发出的长波辐射，也能放出长波辐射，水汽的蒸发和凝结又能吸收和放出潜热，这都直接影响到地面和空气的温度，影响到大气的运动和变化。

据观测，在1500—2000米的高度，大气中的水汽含量已减少到地面的1/2；在5000米的高度，减到地面的1/10；再向上，含量就更少了。空气中的水汽可以发生气态、液态和固态三相转化，如常见的云、雨、雪等天气变化，都是水汽多种形态转变的现象。

颗粒

大气中的悬浮颗粒物质有烟尘、尘埃、盐粒等，它们的半径一般在10^{-2}—10^{-8}厘米，多分布于低层大气中。烟尘主要来自人类生产、生活中的燃烧活动。尘埃主要来源于地质中的松散微粒，它们被风吹扬而进入大气层，另外还有火山爆发后产生的火山灰、流星燃烧产生的灰烬。盐粒主要是海洋波浪溅入大气的水滴经蒸发后形成的。

一般来说，大气中的固体含量，陆地上空多于海洋上空，城市多于农村，冬季多于夏季，白天多于夜间，愈近地面愈多。固体杂质在大气中能充当水汽凝结的核心，对云雨的形成起着重要作用。

大气污染

由于人类活动所产生的某些有害颗粒物和废气进入大气层，给大气增添了多种外来组分。这些外来组分称为大气污染物，可分为两类：一类是颗粒物，如煤烟、煤尘、水泥、金属粉尘等；另一类是部分有害气体。

风云变幻的对流层

你知道对流层是大气层中最为活跃的一层吗？对流层是最贴近地面的一层大气，整个大气层的3/4和几乎全部的固体杂质和水汽都集中在这一层，而它的平均厚度约为12千米。

在这一层中，受地表影响，气温、湿度等气象要素水平分布不均，从而使得这一层中存在着强烈的垂直对流作用和较大的水平运动。雨、雪、风、霜、雷电等天气现象都发生在这一层。所以说，对流层在大气中最活跃。

↓干洁的空气

大气环流

　　所谓大气环流，一般是指具有世界规模的、较大范围内的大气运行现象。该现象包括几种状态，有平均状态和瞬时状态。其水平尺度在数千千米以上，垂直尺度在10千米以上，时间尺度可达数天。

大气环流概说

　　简单来说，大气环流就是大气大范围运动的一个状态。详细来讲是说大气在某一大范围的地区，某一大气层次在某个较长时期所运动的平均状态，或在某一个时段的大气运动的变化过程都可以称为大气环流。

　　大气环流是完成地球大气系统角动量、热量和水分的输送和平衡，以及各种能量间的相互转换的重要机制，同时也是这些物理量输送、平衡和转换的重要结果。大气

环流通常包含平均纬向环流、平均水平环流和平均径圈环流三部分。

大气环流种类

　　大气环流的一个基本状态是平均纬向环流，它是指大气盛行的以极地为中心并绕其旋转的纬向气流。对其而言，盛行东风的低纬度地区称为东风带，由于地球的旋转，北半球多为东北信风，南半球

多为东南信风，所以又可将其称为信风带；中高纬度地区盛行西风，称为西风带；极地地区有浅薄的弱东风，可称为极地东风带。

所谓平均水平环流是指在中高纬度的水平面上盛行的叠加在平均纬向环流上的波状气流，通常北半球冬季为3个波，夏季为4个波，其波之间的转换象征着季节变化。

平均径圈环流是指在南北垂直方向的剖面上，由大气经向运动和垂直运动所构成的运动状态。

大气环流形成原因

太阳辐射是地球表面大气环流

↓天空大气

的原动力，是地球上大气运动能量的主要来源。地球的自转和公转，导致地球表面接受太阳辐射能量不均匀，如热带地区多，而极区少，这样就形成了大气的热力环流。

第二个原因是地球自转的影响，地球表面运动的大气会受地转偏向力作用而发生偏转。地球表面不均匀的海陆分布也是影响大气环流的一个原因。另外还有大气内部南北之间热量、动量的相互交换。

这些因素都是构成地球大气环流的平均状态和复杂多变的形态的原因。

气象炸弹之气旋、反气旋

气旋、反气旋的形成和移动对广大地区的天气有很大的影响。在气旋区里，气流自外向内辐合汇集，气流挟带着地面空气层中的水汽上升，到高空冷却凝结，形成云雨。因此，气旋区内的天气一般都是阴雨天气。在反气旋区里，气流自内向外辐散，盛行下沉气流，一般都为晴好天气。分析和预报气旋和反气旋的发生、发展、移动和变化，是天气预报的重要内容。

电闪雷鸣的气旋

气旋是指某个半球大气中水平气流呈一定方向旋转的大型涡旋。在同高度上，气旋中心的气压比四周低，又称低压。气旋近似于圆形或椭圆形，大小悬殊。小气旋的水平尺度为几百千米，大的可达三四千千米，属天气系统。

由于气流从四面八方流入气旋中心，中心气流被迫上升。所以，当气旋过境时，云量增多，常出现阴雨天气，甚至有时会造成暴雨、雷雨、大风天气。

反气旋带来好天气

反气旋是指中心气压比四周气压高的水平空气涡旋。由于反气旋中的空气向四周辐散，形成下沉气流。因此，在反气旋控制下的地方，一般天气都比较好。冬季多晴冷天气，夏季多晴热高温天气，春秋两季多风和日丽、秋高气爽的天气。

在副热带高压控制下，天气一般以晴朗为主。我国东部处在北太平洋副热带高压西侧，夏季北太平洋副热带高压逐步向西向北扩展，以东南风向我国东部输送水汽，是我国东部降水的重要水汽来源之一，夏季江淮流域的大雨与北太平洋副热带高压密切相关。盛夏时，如副热带高压脊伸展到江淮地区，脊上的下沉气流使水汽难以凝结成云，反而出现酷热无雨的伏旱天气。

↓热带气旋在热带洋面上引发气旋性涡旋

奇妙的气象

　　气象，是指发生在天空中的风、云、雨、雪、霜、露、虹、晕、闪电、打雷等一切大气物理现象。一会儿晴空万里，一下又雷雨交加，大气变化真可谓是变化万千啊！气象观测的项目主要有气温、湿度、地温、风向、风速、降水、日照、气压、天气现象等。

测量温度

　　气温就是空气的温度，我国以摄氏温标（℃）表示。天气预报中所说的气温，一般指在野外空气流通、不受太阳直射下测得的空气温度。

　　气象台站用来测量近地面空气温度的主要仪器是装有水银或酒精的玻璃管温度表。因为温度表本身吸收太阳热量的能力比空气大，在太阳光直接暴晒下指示的读数往往高于它周围空气的实际温度，所以测量近地面空气温度时，通常都把温度表放在离地约1.5米处四面通风的百叶箱里。

　　气象部门所说的地面气温，就是指高于地面约1.5米处百叶箱中的温度。一般一天观测4次（2:00、8:00、14:00、20:00四个时次），部分观测站根据实际情况，一天观测3次(8:00、14:00、20:00三个时次）。

　　最高气温是一日内气温的最高值，一般出现在午后的14—15时，最低气温一般出现在早晨的5—6时。

测量湿度

　　湿度是表示空气中水汽含量和湿润程度，一般由气象观测站安装在距离地面1.25—2米高的百叶箱中的干湿球温度表和湿度计等仪器所测定。

　　湿度有三种基本形式，即

水汽压、相对湿度、露点温度。水汽压（曾称为绝对湿度）表示空气中水汽部分的压力，以百帕（hPa）为单位，取一位小数；相对湿度用空气中实际水汽压与当时气温下的饱和水汽压之比的百分数表示，取整数；露点温度是表示空气中水汽含量和气压不变的条件下冷却达到饱和时的温度，单位用摄氏度（℃）表示，取一位小数。

土的探测

地温就是指地表面以下土壤浅层（距地表面5厘米、10厘米、15厘米、20厘米）和深层（距地表面40厘米、80厘米、160厘米、320厘米）的温度。土壤中各层温度随时间波动变化，以地表温度的波动振幅最大，随着深度的增加则振幅减小，同时最高、最低温度出现的时间也随深度而延后。

测定地温，一般使用地温表。我国气象部门规定：测定浅层各深度的地中温度采用曲管地温表，而测定较深层的地下温度则采用直管地温表。

风的测定

风是空气的水平运动，一般用风向和风速表示。风资料是重要的气象资料之一。风向是指风来的方向，除静风外，用十六方位表示。风速是指空气所经过的距离与经过的距离所需时间的比值，一般用米/秒表示。

测量风向和风速有专门的仪器，测定的项目有平均风速和最多风向，有的仪器还有自动记录功能，对风向、风速连续记录并进行整理。

第一章

给地球穿上外衣的大气

↓卫星气象

喜怒无常的天气

我们常说的天气是一定区域短时间段内的大气状态及其变化的总称。它既是一定时间和空间内的大气状态，也是大气状态在一定时间间隔内的连续变化，所以可以理解为天气现象和天气过程的统称。天气现象是指发生在大气中的各种自然现象，即某瞬时内大气中各种气象要素（如气温、气压、湿度、风、云、雾、雨、雪、霜、雷、电等）空间分布的综合表现。天气过程就是一定地区的天气现象随时间变化的过程。

天气预报

天气预报是人类通过科学的方法对天气进行提前预知，其主要内容包括最高和最低气温、降雨的概率、雨量的大小、阴天、晴天、紫外线指数、寒冷指数等。同纬度海洋陆地的气温是不同的，夏季等温线陆地上向高纬方向凸出，海洋向低纬方向凸出。

降水的形成

水汽在上升过程中，因周围气压逐渐降低，体积膨胀，温度降低而逐渐变为细小的水滴或冰晶飘浮在空中形成云。当云滴增大到能克服空气的阻力和上升气流的顶托，且在降落时不被蒸发掉时，才能形成降水。水汽分子在云滴表面上的凝聚，大小云滴在不断运动中的合并，使云滴不断凝结而增大为雨滴、雪花或其他降水物，最后降至地面，从而形成降水。

气象与生活

我们常说的气象生活指数分别是指中暑指数、紫外线指数、约会指数、感冒指数、穿衣指数、晨练指数等。了解了这些指数后，再根据天气决定我们的生活工作习惯，

↑天气

会更有利于我们提高学习工作的效率，避免做一些无用功，所以说，这些气象生活指数和我们的日常生活息息相关。

气温是大气的报幕员

气温，简单来说就是大气的温度。天气预报中所说的气温，是指在野外空气流通、不受太阳直射下测得的空气温度。最高气温是一日内气温的最高值，最低气温则是一日内气温的最低值，最高气温一般出现在下午14—15时，最低气温则多出现在早晨5—6时。气温多以摄氏度（℃）来表示，也有的以华氏度（℉）表示，均取一位小数，负值表示零度以下。

测定气温

气温是大气温度的简称。空气温度记录是对一个地方的热状况特征的表征，无论在理论研究上，还是在国防、经济建设的应用上都是不可或缺的。

气温有定时气温、日最高气温和日最低气温三种。通常人们用大气温度数值的大小来反映大气的冷热程度。气温是由安装在百叶箱中的温度表或温度计所测定的，这些温度表或温度计是根据水银、酒精或双金属片作为感应器的热胀冷缩特性制成的。

气温的周期变化

气温的变化主要分日变化和年变化两种。日变化的最低气温在日出前后；最高气温一般出现在午后14:00—15:00。气温的年变化表现为：在北半球，陆地上7月份最热，海洋上8月份最热；而南半球正好与北半球相反。

气温的变化是从低纬度向高纬度依次递减，因此等温线与纬线大体上平行。但同纬度海洋、陆地的气温却是不同的，夏季等温线陆地上向高纬方向凸出，海洋则向低纬方向凸出。

气温变化的条件

影响气温的因素有很多，比如说城市下垫面特性的影响，城市的各种建筑物改变了下垫面的热属性。城市地表含水量少，热量多以显热形式进入空气中，导致气温升高。同时城市地表对阳光的吸收率也很高，能吸收更多的太阳辐射，进而使空气得到的热量也更多，从而使温度升高。

城市大气污染也给气温的升高带来一定的影响，城市中的机动车辆、工业生产以及大量的人群活动，产生了大量的氮氧化物、二氧化碳、粉尘等，这些物质可以大量吸收环境中热辐射的能量，即所谓的温室效应，从而引起大气的进一步升温。

还有就是人工热源的影响。工厂、机动车燃烧各种燃料，消耗大量能源，使得热量大量排放。

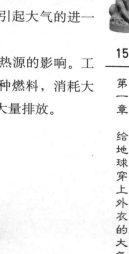
↓阳光直射下的地面

图说经典百科

第二章
影响地球冷暖的风

　　风与人的关系很密切，它无时不在，无处不见。每天我们都能感受到风，春夏的风清新凉爽，秋冬的风寒冷刺骨。但是如果对风的了解仅限于此，那么就太狭隘了。风的厉害实则大着呢！瞧，它能变身为狂风、暴风、龙卷风、沙尘暴等各种各样的姿态，这些狂烈的风来临时，常会带来灾害。比如说风力强劲的狂风暴风，它的到来可谓是惊天动地，所到之地一片狼藉；龙卷风更不用说了，它有着龙一样强大的阵势，它所造成的死亡人数仅次于雷电。但也并不是所有狂烈的风带来的都是灾害，就比如说台风，它虽说也有危害，但在某种程度上也造福了人类，它给人类带来了淡水资源，减少了灾荒……不管怎样，风都作为地球不可或缺的因素赫然存住着。

风的由来

所谓风，是空气作水平运动的一个现象，以风向、风速或风力来表示。风向是指风来的方向，除静风外，按十六方位来表示。风速则是指空气所经过的距离与所需时间的比值，单位用米/秒表示。大气中水平风速一般为1.0—10米/秒，台风、龙卷风的速度可达到102米/秒，而农田中的风速可以小于0.1米/秒。

风的成因

风形成的直接原因是水平气压梯度力的影响，简单地说，是空气分子的运动。风的成因和空气、气压有着密切的关系。

空气的构成包括氮分子、氧分子、水蒸气和其他微量成分。这些空气中的分子以很快的速度移动，彼此之间会发生碰撞，并能和地平线上的任何物体发生碰撞。

气压可以定义为在一个给定区域内，空气分子在该区域施加的压力大小。一般而言，在某个区域内，空气分子存在越多，区域的气压就越大。

风的作用

风是农业生产的环境因素之一，适度的风速对改善农田环境条件有重要作用。风可以传播植物花粉、种子，帮助植物授粉和繁殖。风能还是分布广泛、用之不竭的能源。

中国盛行季风，对作物生长有利。在内蒙古高原、东北高原、东南沿海以及内陆高山，都具有丰富的风能资源可作为能源开发利用。

风不仅对农业有积极作用，有时也会产生消极作用。比如说它能传播病原体，蔓延植物病害。大风会使叶片机械擦伤、作物倒伏、树木断折、落花落果而影响产量。大风还会造成土壤风蚀、沙丘移动，从而毁坏农田。

在干旱地区盲目垦荒，还将导致土地沙漠化。牧区的大风和暴风雪可吹散畜群，加重冻害等。

气压的变化，有些是风暴引起的，有些是地表受热不均引起的，有些是在一定的水平区域上，大气分子被迫从气压相对较高的地带流向低气压地带引起的。气象图上所显示的高压带和低压带，形成的是温和的微风，而产生微风所需的气压差仅占大气压力本身的1%。所以强风暴的形成则源于更大、更集中的气压区域的变化。

第二章　影响地球冷暖的风

狂风的怒吼

在气象术语中，狂风是指速度为每小时89—102千米的风，即10级风；对"暴风"的定义是时速在103—117千米的风，即11级风。当然，在实际生活中，人们对狂风和暴风的定义一般是对人们的正常生活造成了较为严重的影响便可称其为狂风或暴风。

是谁激怒了狂风

风的形成有各种各样的原因，一般来说，最直接的原因是水平气压梯度力。风受大气环流、地形、水域等不同因素的综合影响，表现形式多种多样，如季风、地方性的海陆风、山谷风、焚风等。简单地说，风是空气分子的运动。

而之所以会形成狂风和暴风，

一方面是因为强对流导致空气受热不均，形成压力差而形成动力。另一个原因是山峰较多、地势狭窄等导致空气通过时受到阻挡，速度加快，形成大风。

一般来说，我国的狂风多发区一般集中在青藏和新疆。从全球来看，南极的风有时可达到360千米/小时，这已经远远大于12级风了。

风的分级

风速的大小常用几级风来表示。风的级别是根据风对地面物体的影响程度而确定的。在气象上，目前一般按风力大小划分为12个等级。

风的12个等级

风级	风的名称	风所造成的现象
0级	无风	静，烟直上
1级	软风	烟能表示风向，但风向标不能转动
2级	软风	人面感觉有风，树叶有微响，风向标能转动
3级	微风	树叶及微枝摆动不息，旗帜展开
4级	和风	能吹起地面灰尘、纸张和地上的树叶，树的小枝微动
5级	清劲风	有叶的小树枝摇摆，内陆水面有小波
6级	强风	大树枝摆动，电线呼呼有声，举伞困难
7级	疾风	全树摇动，迎风步行感觉不便
8级	大风	微枝折毁，人向前行感觉阻力甚大
9级	烈风	建筑物有损坏（烟囱顶部及屋顶瓦片移动）
10级	狂风	陆上少见，可将树木拔起，使建筑物损坏严重
11级	暴风	陆上很少，有则必有重大损毁
12级	飓风	陆上绝少，其摧毁力极大

↓狂风 暴风

亦敌亦友话台风

台风又名飓风，是热带气旋的一个类别。在气象学上，按世界气象组织定义：热带气旋中心持续风速达到12级（即每秒32.7米或以上）称为飓风（台风）。飓风的名称一般在北大西洋及东太平洋范围内使用，而台风的名称则在北太平洋西部（赤道以北，国际日期线以西，东经100°以东）被广泛使用。

台风的特点

经过反复观察和总结，台风（飓风）一般具有以下六个特点：

一是季节性。它一般发生在夏秋之间，最早发生在5月初，最迟发生在11月。

二是台风中心登陆地点难以准确预报。台风的风向时有变化，常出人意料，台风中心登陆地点往往与预报相左。

三是台风具有旋转性。它登陆时的风向一般先北后南。

四是损毁性严重。台风对不坚固的建筑物、架空的各种线路、树木、海上船只、海上网箱养鱼、海边农作物等破坏性很大。

五是强台风发生常伴有大暴雨、大海潮、大海啸。

六是强台风发生时，人力不可抗拒，易造成人员伤亡。

台风级别

超强台风：底层中心附近最大平均风速大于51.0米/秒，即16级或以上。

强台风：底层中心附近最大平均风速41.5—50.9米/秒，即14—15级。

台风：底层中心附近最大平均风速32.7—41.4米/秒，即12—13级。

强热带风暴：底层中心附近最大平均风速24.5—32.6米/秒，即风力10—11级。

热带风暴：底层中心附近最大平均风速17.2—24.4米/秒，即风力8—9级。

热带低压：底层中心附近最大平均风速10.8—17.1米/秒，即风力6—7级。

台风的积极影响

台风在危害人类的同时，也在保护着人类。

台风给人类送来了淡水资源，大大缓解了全球水荒。一次直径不算太大的台风，登陆时可带来约30亿吨的降水。

另外，台风还使世界各地冷热保持相对均衡。赤道地区气候炎热，若不是台风驱散这些热量，热带会更热，寒带会更冷，温带也会从地球上消失。

近几年我国重大的台风灾害

2009年台风"莫拉克"造成台湾、大陆500多人死亡，近200人失踪，46人受伤。台湾南部降雨量超2000毫米，造成数百亿台币损失，大陆损失近百亿人民币。

2008年第14号强台风"黑格比"，造成菲律宾、中国华南、越南共127人死亡。

2008年第8号强台风"凤凰"，造成台湾、安徽、江苏至少13人死亡，福建地区基础设施损坏严重，经济损失巨大。

↓台风对地面造成极大破坏

龙卷风是雷雨中的擎天柱

我们通常所说的龙卷风多见于夏季的雷雨天气，尤以下午到傍晚最为常见。龙卷风是在天气不稳定的状况下产生的一种强烈的、小范围的由两股空气强烈相向、相互摩擦形成的空气旋涡。它所波及的范围一般在十几米到数百米之间，持续时间一般只有几分钟，风力强大，破坏力极强，带来的危害十分严重。

多样的龙卷风

第一种是多旋涡龙卷风。它是指带有两股以上围绕同一个中心旋转的旋涡的龙卷风。多旋涡结构经常出现在剧烈的龙卷风上，并且这些小旋涡在主龙卷风经过的地区往往会造成更大的破坏。

第二种是水龙卷。它可以简单地定义为水上的龙卷风，通常意思是在水上的非超级单体龙卷风。世界各地的海洋和湖泊等都可能出现水龙卷。

第三种是陆龙卷。这是一个术语，用以描述一种和中尺度气旋没有关联的龙卷风。

第四种是火龙卷。它是非常罕见的龙卷风形态，是陆龙卷与火焰的结合。

龙卷风素描

龙卷风是大气中最强烈的涡旋现象，影响范围虽小，但破坏力极大。它往往使成片庄稼、成万株果树瞬间被毁，导致交通中断，房屋倒塌，危及人畜生命。

龙卷风的水平范围很小，直径从几米到几百米，平均为250米左右，最大为1千米左右。在空中直径可达几千米，最大时达到10千米。

龙卷风极大风速每小时可达150—450千米，持续时间一般仅几分钟，最长不过几十分钟，但造成的灾害很严重。

龙卷风的成因

这种阵势强大的龙卷风是如何形成的呢？具体来说，龙卷风是雷暴巨大能量中的一小部分在很小的区域内集中释放的一种形式，其形成过程可以分为四个阶段。

第一阶段，由于大气的不稳定性产生强烈的上升气流，因为急流中的最大过境气流的影响，它被进一步加强。

第二阶段，在垂直方向上速度和方向均有切变的风相互作用，上升气流在对流层的中部开始旋转，形成中尺度气旋。

第三阶段，随着中尺度气旋向地面发展和向上伸展，气旋本身变细并增强；同时，一个小面积的增强辅合，气旋内部就形成了初生的龙卷。接着，产生气旋的过程相同，形成龙卷核心。

第四阶段，龙卷风核心中旋转的强度使得龙卷风一直伸展到地面，当发展的涡旋到达地面高度时，地面气压开始急剧下降，地面风速急剧上升，强烈的龙卷风就形成了。

↓龙卷风

打转的旋风

旋风是打转转的空气涡旋，是由地面挟带灰尘向空中飞舞的涡旋，它是空气在流动中造成的一种自然现象。

热带气旋是自然灾害的一种，一般发生在热带或副热带洋面上的低压涡旋，是一种强大而深厚的热带天气系统。当然，除了给人们造成的灾害，热带气旋也是大气循环中的一个组成部分，能够将热能及地球自转的角动量由赤道地区带往较高纬度，另外，也可为长时间干旱的沿海地区带来丰沛的雨水。

旋风的成因

旋风形成的最主要原因与空气膨胀有关，比如一个地方因为温度高空气便会膨胀起来，一部分空气被挤得上升，到高空后温度又逐渐降低，开始向四周流动，最后下沉到地面附近。

这时，受热地区的空气减少了，气压也降低了，而四周的温度较低，空气密度较大，加上受热的这部分空气从空中落下来，所以空气增多，气压显著加大。这样，空气就要从四周气压高的地方，向中心气压低的地方流动，跟水往低处流一样。

但是，受到地球自西向东旋转的影响，四周也会吹来较冷的空气，这样就围绕着受热的低气压区旋转起来，成为一个和钟表时针转动方向相反的空气涡旋，这就形成了旋风。

热带气旋的突出特点

热带气旋的最大特点是它的能量来自水蒸气冷却凝固时放出的潜热。其他天气系统如温带气旋主要是靠水平面上的空气温差所造成。

热带气旋登陆后，或者当热带气旋移到温度较低的洋面上，便会因为失去温暖而潮湿的空气供应能量而减弱消散或转化为温带气旋。热带气旋的气流受地转偏向力的影响而围绕着中心旋转。在北半球，热带气旋沿逆时针方向旋转，在南半球则以顺时针方向旋转。

↓ 旋风

气旋的构成

一个成熟的热带气旋有地面低压、暖心、中心密集云层区、台风眼、风眼墙、螺旋雨带、外散环流等部分。其中地面低压是指热带气旋的中心接近地面或海面部分是一个低压区。

第二章 影响地球冷暖的风

热带风暴的火焰

热带风暴于热带或亚热带地区海面上形成，是热带气旋的一种，它是由水蒸气冷却凝固时放出潜热发展而出的暖心结构。其中心附近持续风力为每小时63—87千米，即烈风程度的风力，是所有自然灾害中最具破坏力的。每年飓风都从海洋横扫至内陆地区，强劲的风力和暴风雨过后留下的只是一片狼藉。它也是台风的一种，是指中心最大风力达8—9级（17.2—24.4米／秒）的台风。

热带风暴的成因

首先，要有足够广阔的热带洋面，这个洋面温度要高于26.5℃，并且在60米深的一层海水里，水温也要超过这个数值。

其次，预先要有一个弱的热带涡旋存在。我们知道，任何一部机器的运转都要消耗能量，这就要有能量来源，热带风暴也是如此。

第三，要有足够大的地球自转偏向力。由于地球的自转，便产生了一个使空气流向改变的力，称为"地球自转偏向力"。在旋转的地球上，地球自转的作用使周

↓热带风暴

围空气很难直接流进低气压，而是沿着低气压的中心作逆时针方向旋转。因为赤道的地转偏向力为零，而向两极逐渐增大，故台风发生地点大约离开赤道5个纬度以上。

最后，弱低压上方高低空之间的风向、风速差别要小。在这种情况下，上下空气柱一致行动，高层空气中热量容易积聚，从而增暖。气旋一旦生成，在摩擦层以上的环境气流将沿等压线流动，高层增暖作用也就能进一步完成。在这样

的基础上，热带风暴进一步增强，便会形成台风了。

热带风暴升级版——强热带风暴

强热带风暴比热带风暴更加猛烈一点。当底层中心附近最大平均风速为24.5—32.6米/秒时，底层中心附近最大风力为10—11级。当热带气旋近中心最大风力为10—11级（24.5—32.6米/秒）时，就称为强热带风暴。强热带风暴继续加强，就会形成台风。

蒸腾着的干热风

干热风又名"热干风""干旱风""火南风""火风"等，它是一种不折不扣的农业气象灾害。这种风又干又热，经常出现在温暖季节，会导致小麦乳熟期受害形成秕粒。

刮干热风时，温度显著升高，湿度显著下降，并伴有一定风力，蒸腾加剧，根系吸水不足，往往导致小麦灌浆不足，秕粒严重甚至枯萎死亡。在我国的华北、西北和黄淮地区春末夏初期间都有出现。一般分为高温低湿和雨后热枯两种类型，均以高温危害为主。

干热风形成条件

因为各地自然特点的差异，所以干热风的成因也不尽相同。每年初夏，我国内陆地区气候炎热，雨水稀少，增温强烈，气压迅速降低，形成一个势力很强的大陆热低压。在这个热低压周围，气压梯度随着气团温度的增加而加大，于是干热的气流就围着热低压旋转起来，形成一股又干又热的风，这就是干热风。强烈的干热风，对当地小麦、棉花、瓜果可造成危害。

干热风级别

第一种是西北气流型。在此种类型的控制下，黄淮海地区受西北气流的控制，上游又有暖平流输送，加上空气湿度小，天气晴朗，太阳辐射强，高空槽线过境后24—36小时即可出现干热风天气，持续3—4天。此类型干热风的概率为42%。

第二种是高压脊型。在此类型影响下，河套小高压是移动性的，干热风持续时间较短，一般只1—2天，且强度弱。此类型干热风的概率为30%。

知/识/链/接

干热风常出现在气候干燥的蒙古，以及我国河套以西与新疆、甘肃一带，这与这些地方存在热低压也不无关系。热低压离开源地后，沿途经过干热的戈壁沙漠，会变得更加干热，干热风也变得更强盛。位于欧亚大陆中心的塔里木盆地，气候极端干旱，强烈冷锋越过天山、帕米尔高原后产生的"焚风"，往往引起本地区大范围的干热风发生。

拓展阅读

　　我国江淮流域的干热风是在太平洋副热带高压西部的西南气流影响下产生的。太平洋副热带高压是一个深厚的暖性高压系统，从地面到高空都是由暖空气所组成的。春夏季节，太平洋副热带高压停留在江淮流域上空，随后逐渐向北移动。由于在高压区内，风向为顺时针方向，所以在副热带高压的西部吹西南风。而位于副热带高压偏北部和西部地区，因受西南风的影响，就会产生干热风天气。初夏时，北方有冷高压不断南下，势力减弱，当与副热带高压合并时，势力又得到加强，晴好天气继续维持，干热风现象就尤为明显了。

↓干热风

第二章　影响地球冷暖的风

山谷风的呼吸

山谷风由山谷与其附近空气之间的热力差异而引起，白天由山谷吹向山顶的风称为"谷风"，夜间由山顶吹向山谷的风称为"山风"。山风和谷风合称为山谷风。

山谷风成因

白天太阳出来后，阳光照在山坡上，空气受热后上升，沿着山坡爬向山顶，这就是谷风。夜间，太阳下山，山顶和山腰冷却得非常快，因此靠近山顶和山腰的一薄层空气冷得也特别快，而积聚在山谷里的空气还是暖暖的。这时，山顶和山腰的冷空气一批批地流向谷底，这种从山顶和山腰流向山谷的空气就形成了山风。

山谷风常发生在晴好而稳定的天气条件下，热带和副热带在旱季时最易形成，温带在夏季时最易形成。

山谷风影响

正常情况下，在晴朗的白天，谷风会把温暖的空气向山上输送，使山上气温升高，促使山前坡岗区的植物、农作物和果树早发芽，早开花，早结果，早成熟；冬季可减少寒意。谷风把谷地的水汽带到上方，使山上空气湿度增加，谷地的空气湿度减小，这种现象在中午几小时内特别显著。

在夏季谷风盛行的时候，如果空气中有足够的水汽，它便常常会凝云致雨，这对山区树木和农作物的生长很有利；夜晚，山风把水汽从山上带入谷地，因而山上的空气湿度减小，谷地空气湿度增加。在生长季节里，山风能降低温度，对植物体营养物质的积累，块根、块茎植物的生长膨大很有好处。

除此之外，山谷风还可以把

清新的空气输送到城区和厂区，把烟尘和飘浮在空气中的化学物质带走，有利于改善和保护环境。工厂的建设和布局要考虑有规律性的风向变化问题。山谷风风向变化有规律，风力也比较稳定，可以当作一种动力资源来研究和利用。

缘也可能出现与山谷风类似的风，风向、风速有明显的变化。出现在青藏高原边缘的山谷风，特别是与四川盆地相邻的地区，对青藏高原边缘一带的天气有着很大的影响。在水汽充足的条件下，白天在山坡上空凝云致雨，夜间在盆地边缘形成降水。

知/识/链/接

我国除山地外，高原和盆地边

↓山谷风

季风是海、陆的对话

　　季风是由于大陆和海洋在一年之中增热和冷却程度不同，彼此存在温度差异而形成大范围盛行的、风向随季节有规律改变的风系。

谁在操控季风

　　季风因海陆影响的程度不同，故与纬度和季节都有关系。冬季，中、高纬度海陆影响大，陆地的冷高压中心位置在较高的纬度上，海洋上为低压。夏季，低纬度海陆影响大，陆地上的热低压中心位置偏南，海洋上的副热带高压的位置向北移动。

季风的形成原因

　　季风的形成主要是因为海陆间热力环流的季节变化。一般夏季时，大陆增热比海洋剧烈，气压随

高度变化慢于海洋上空，所以到一定高度，就产生从大陆指向海洋的水平气压梯度，空气由大陆指向海洋，海洋上形成高压，大陆形成低压，空气从海洋流向大陆，形成了与高空方向相反的气流，构成了夏季的季风环流。在我国为东南季风和西南季风。夏季风特别温暖而湿润。

　　而到了冬季，大陆迅速冷却，海洋上的温度比陆地要高些，因此大陆为高压，海洋上为低压，低层气流由大陆流向海洋，高层气流由海洋流向大陆，形成冬季的季风环流。在我国为西北季风变为东北季风。冬季风十分干冷。

季风的作用

　　季风对我国有非常显著的影响，在全球几个明显的季风气候区域中，我国处于东亚季风区内，主要表现为：盛行风向随季节变化有很大的差别，甚至相反。冬季盛行

↑↓季风雨

东北气流，华北—东北为西北气流。夏季盛行西南气流，中国东部—日本还盛行东南气流。冬季寒冷干燥，夏季炎热湿闷、多雨，尤其多暴雨。在热带地区更有旱季和雨季之分，我国的华南前汛期、江淮的梅雨及华北、东北的雨季，都属于夏季风降雨。

第三章

变化多端的云

　　抬头就可见的云，常会带给我们无限的快乐，看到它们的变化，就如同感受到它们的喜怒哀乐。所谓看云观天气，就是说云的状况说明了天气的状况，其实一点都不假。天空中云的姿态千变万化，它们总是在千奇百怪地变换着。像晴日里高高挂起的朵朵白云，它给天空增添了无限色彩，也给我们带来了视觉上的享受，云发起怒来，凶神恶煞的样子，阴沉着脸，厚厚地堆起来，让人猜不透它将要给大地带来什么……云的姿态千变万化，正所谓七十二般变化，有如棉花堆似的积云，有晶亮洁白的卷云，有罕见的蓝白色云、夜光云……瞧，它的变化多着呢，而它内层的含义也如它的姿态一样千变万化、深不可测。要想读懂它，还须下一番功夫呢！

做自己的气象学家

民间很早就流传着云识天气的说法，人们认为天气的变化可以通过云的样子来判断。而事实是否如此呢？

云是预测天气的好助手

1802年，英国博物学家卢克·霍华德提出了著名的云的分类法，使得观云测天气更为准确。他将云分为三大类，即积云、层云和卷云。在这三大类的基础上，又将其划分产生了十种云的基本类型。人们根据这些云相，渐渐地掌握了一些比较可靠的预测天气变化的经验。

比如天空出现绒毛状的积云，如果这些云分布较为分散，则表示为好天气，而如果云块扩大或有新的发展，则意味着天空会突降暴雨。

美丽云朵空中寻

纵观天空中的云，最轻盈、站得最高的云称为卷云。这种云很薄，阳光可以透过其云层照到地面，所投射出的光与影依然很清晰。美丽的卷云多闲散地飘浮着，时而像一片白色的羽毛，时而又汇集在一起像一缕洁白的绫纱。

当卷云有一天成群地排列在空中时，就成了卷积云，这种云就好像微风吹过水面荡起的阵阵鳞波。卷云和卷积云由于很高，水分少，所以它们一般不会带来雨雪。

天空中一朵朵像棉花团似的白云，叫作积云。这些积云常在两千米左右的天空，一朵朵地分散着，映着灿烂的阳光，云块周围散发着金黄的光辉，美丽极了。在晴天，还会偶尔出现一种高积云。高积云是成群的扁球状的云块，排列匀称，云块间露出碧蓝的天幕，远远望去，就像草原上雪白的羊群，这些云都是极为美丽的。

図说气象知识

美丽云朵爱撒娇

　　天空中的云多是温柔美丽的，但偶然也有突发情况。当连绵的雨雪要来的时候，卷云在天空聚集着，天空渐渐出现一层薄云，就像一层白色的绸幕，这种云叫卷层云。卷层云慢慢地向前推进，天气就将转阴。接着，云层越来越低，越来越厚，很朦胧。这时它就改名换姓，叫高层云了。

　　高层云出现时，往往在几个小时内便要下雨或者下雪。最后，当云被压得更低、变得更厚的时候，天空就被暗灰色的云块密密层层地布满了，这种云就叫雨层云。这种云一形成，就要开始连绵不断的雨雪了。

　　当天空云继续变化，最后出现积雨云的时候，天气就越发地黑暗了。积雨云越长越高，云底慢慢变黑，云峰渐渐模糊，不一会儿，整座云山就崩塌了，乌云顿时弥漫整个天空。顷刻间，电光闪闪，雷声隆隆，一场酝酿良久的暴雨就要下起来了。

←绚烂天空中的云

卷云是高空中的冰晶

卷云是高云的一种。它有时产生在能生成云的最高高度上，云底一般在4500—10000米。它由高空的细小冰晶组成，且冰晶比较稀疏，故云比较薄而透光良好，色泽洁白并具有冰晶的亮泽。卷云按外形、结构等特征，分为毛卷云、钩卷云、伪卷云、密卷云四类。

毛卷云

毛卷云云体具有纤维状结构，常呈白色，无暗影，有毛丝般的光泽，多呈丝条状、片状、羽毛状、钩状、团状、砧状等。毛卷云多由直径为10—15微米的冰晶组成。毛卷云云体很薄，毛丝般的纤维状结构清晰，云丝分散，是丝缕结构十分明显的卷云，状如羽毛、乱发，常分散孤立地分布在天空，或成带与地面斜交。毛卷云的出现大多预

示天晴。

钩卷云

钩卷云的名字来源于拉丁语的意思——蜷曲的钩。它通常是稀疏地在海拔7千米天空的对流层出现。通常气温在40℃—50℃时，钩卷云会在一股暖锋或锢囚锋接近时出现，并意味着雨带的来临。卷云云体向上的一头有小钩或小簇，下有较长的拖尾，很像逗号。钩卷云的曳尾常是云体的冰晶下落的过程中因风的切变而产生的。钩卷云常分散出现，如果它系统移入天空，并继续发展，多预示将有天气系统影响，甚至可能出现阴雨天气，所以民间流传着"天上钩钩云，地上雨淋淋"的谚语。

伪卷云和密卷云

伪卷云云体大而厚密，常呈铁

砧状。它是积雨云顶部脱离主体后而形成的，多在积雨云崩析消散过程中见到。当积雨云发展到消衰阶段，云内上升气流减弱，主要为下沉气流，由于缺乏水汽补给，积雨云母体崩解，其上的云砧部分残留空中，即成为伪卷云。

密卷云是比较厚密的片状卷云，边缘可见明显的丝缕结构。密卷云薄的能看清楚日、月光盘，较厚的仅见日、月位置，最厚的能遮蔽日、月光，此时呈灰色。其形成与高空对流有关。密卷云的出现预示天气较稳定，但如果它继续系统发展并演变成卷层云，则预示着天气将有变化。

↓卷云

细波鳞鳞的卷积云

卷积云大约出现在5500米的高空，云块很小，白色无影，是由呈白色细波、鳞片或球状细小云块组成的云片或云层，常排列成行或成群，很像轻风吹过水面所引起的小波纹。卷积云云体很薄，能透过日、月光，呈白色，无暗形，在黑夜则呈灰黑色，几乎全由冰晶组成。

如何认出卷积云

卷积云有时也并不是十分好确认，因为在整层高积云的边缘，有时有小的高积云块，形态和卷积云颇相似，但不要误认为是卷积云。卷积云有以下几个特征：首先是与卷云或卷层云之间有明显的联系；其次是从卷云或卷层云演变而成；再次是具有卷云的柔丝泽和丝缕状特点。

卷积云的变化

卷积云可由卷云、卷层云演变而成。有时高积云也可演变为卷积云。卷积云只有一类。

另外，每一种云都有它的特殊性，但不是一成不变的。在一定条件下，这种云可以转变为那种云，那种云又可以转变为另一种云。例如淡积云可以发展成浓积云，再发展成积雨云；积雨云顶部脱离可成为伪卷云或积云性高积云；卷积云降低可成为高层云；而高层云降低又可变成雨层云。

知/识/链/接

高云族分布的高度在对流层最高的区域，在这样高度的云一方面凝结量有限，另一方面云中都是小冰晶了，因此透光性佳，都具有卷状云的特征。高云全部由细小的冰晶组成，云底高度通常在5000米以上。高云一般不产生降水，冬季北方的卷层云、密卷云偶尔也会降雪，有时可以见到雪幡。

积云恰似天上的棉花糖

　　积云为轮廓分明、顶部凸起、云底平坦、云块之间多不相连的直展云，外形类似棉花堆。积云属于直展云层，分为淡积云、浓积云、碎积云三类，是一种垂直向上发展的云块。它通常在湿润地区和热带地区出现，但有时也会在干燥地区出现。

积云的形成

　　看上去成片的积云实际上是由水滴组成的，它主要是由空气对流上升冷却使水汽发生凝结而形成的。因此，积云的外形特征与空气对流运动的特点紧密相连。

　　一团空气开始上升时，它的内部水汽含量和温度的水平分布基本上是均匀的，从而水汽产生凝结的高度是一致的，因此，一朵积云具有水平的底部。

　　由于在形成阶段，云内为上升气流且云顶中央上升气流最强，四周较弱，云外为下沉气流，因此造成积云具有圆拱形向上凸起的顶部以及非常明显的轮廓。

积云的特征

　　积云在外形上很有特色，它垂直向上发展的顶部呈圆弧形或圆拱形重叠凸起，而底部几乎是水平的云块。

　　积云云体边界分明。如果积云和太阳处在相反的位置上，云的中部比隆起的边缘要明亮；反之，如果处在同一侧，云的中部显得黝黑但边缘带着鲜明的金黄色；如果光从旁边照映着积云，云体明暗就特别明显。

　　积云的云底高度一般在600—2000米。在沿海及潮湿地区或雨后初晴的潮湿地带，云底较低，有时在600米以下；在沙漠和干燥地区，云底有时高达3000米左右。积云底部清晨接近地面，午后开始上升。

排列整齐的高积云

高积云从外形上看，一般轮廓分明且云块较小，在厚薄、层次上有很大的差异，薄的云块呈白色，能见日、月轮廓；厚的云块呈暗灰色，日、月轮廓分辨不清。高积云常呈扁圆形、瓦块状、鱼鳞片或水波状的密集云条。高积云由水滴或水滴冰晶混合组成。日、月光透过薄的高积云常由于衍射而形成内蓝外红的光环。高积云的成因与层积云类似。

薄的高积云稳定少变，一般预示晴天，民间有"瓦块云，晒煞人""天上鲤鱼斑，晒谷不用翻"的说法。厚的高积云如继续增厚，融合成层，则预示天气将有变化，甚至会产生降水。高积云又可分为透光高积云、蔽光高积云、荚状高积云、积云性高积云、絮状高积云和堡状高积云。

整齐划一的高积云

透光高积云云块较薄，个体分离、排列整齐，云缝处可见蓝天；即使无缝隙，云层薄的部分也比较明亮。

蔽光高积云云块较厚，呈暗灰色，云块间无缝隙，不能辨别日、月位置，云块排列不整齐，常密集成层，偶有短时降水产生。

堡状高积云外形特征和预示的天气状况与堡状层积云相似，云块底部平坦，顶部凸起成若干小云塔，类似远望的城堡，但云块较小，高度较高。

絮状高积云云块边缘部分与周围未饱和空气混合蒸发，造成云块边缘破碎，像破碎的棉絮团，呈灰色或灰白色。云块大小以及在空中的高低都很不一致。

荚状高积云云块呈白色，中间厚边缘薄，通常呈豆荚状或椭圆形。荚状高积云通常形成于下部有上升气流、上部有下降气流的地方。如果它单独出现，没有和其他云系相配合，则预示着多晴天。

积云性高积云云块大小不一，呈灰白色，外形略有积云特征。积云性高积云是由衰退的积云或积雨云扩展而成的，一般预示着天气逐渐趋于稳定。

积云最好认

由于对流运动的强度不同，所以对流云垂直发展的厚度也不同，一般积云可分为淡积云、浓积云以及碎积云，取决于对流高度和凝结高度的配置。

淡积云向上发展较弱，造成形体扁平，顶部略有拱起。淡积云多数在天空晴朗的时候孤立分散地出现，它的出现标志着在云团上方出现了稳定的气层，表明至少在未来的几个小时内天气都是不错的。

浓积云云体高大，轮廓清晰，底部较平，身似高塔，顶部成重叠的圆弧形凸起，很像花椰菜。在阳光照耀下，边缘白而明亮。每当浓积云发展非常旺盛时，云的顶部会出现头巾似的一条白云，叫幞状云。浓积云是由淡积云发展或合并发展而成，当它发展旺盛时，一般不会出现降水，但有时也可能降小阵雨。如果清晨有浓积云发展，显示大气构造不稳定，会出现雷阵雨天气。

碎积云云体很小，比较零散地分布在天空，形状多变，多为破碎了或初生的积云。从低空碎积云的移动方向，可以判断地面500米以内的风向；从碎积云移动的速度可以估计风速级别。农谚说"天上赶羊，地上下雨不强"，"天上赶羊"指的是碎积云。这种云一般不会下雨，即使下也是很小的雨。

↓高积云

面纱般的卷层云

卷层云看起来更像是一种白色透明的云幕，日、月透过云幕时轮廓分明，地物有影，常有晕环。它经常会使天空呈乳白色，有时丝缕结构隐约可辨，好像乱丝一般。我国北方和西部高原地区，冬季卷层云可引起少量降雪。

卷层云结构

卷层云一般是由冰颗粒形成，表面看上去像白云的纹路，特别值得一提的是，卷层云是唯一会在太阳或月亮周围产生光晕的云层。卷层云又可分为毛卷层云和薄幕卷层云。卷层云出现在5500—8000米的高空。

卷层云由湿空气作大范围缓慢斜升运动而膨胀冷却所生成，因此，它们和流动气旋以及暖锋有关，位于雷雨层顶部。有时，

它们也与热带气旋有关，因为热带气旋上空地区风从气旋内向外吹，把卷层云吹到远离它们形成时的地方。

卷层云由冰晶组成，云底具有丝缕结构，能透过日、月的光，使地物有影，云层中往往可见晕圈。若卷层云加厚降低，系统发展，多预示有天气变化，故群众有"日晕三更雨，月晕午时风"等说法。但是如果无明显的发展，甚至云量减少，未来天气也不会有显著的变化。

卷层云的"咖啡伴侣"

厚的卷层云易与薄的高层云相混。如日、月轮廓分明，地物有影或有晕，或有丝缕结构，为卷层云；如只辨日、月位置，地物无影，也无晕，为高层云。

拓展阅读

　　天空中，有层状云、积状云、波状云等，它们的颜色各不相同。层状云由于很厚，太阳和月亮的光线很难透射过来，所以看上去云体很黑；稍微薄一点的层状云和波状云，看起来是灰色，特别是波状云，云块边缘部分，色彩更为灰白；孤立的积状云，因云层比较厚，向阳的一面，光线几乎可全部反射出来，因而看起来是白色的；而背光的一面及底部，光线不容易透射过来，所以看起来比较灰黑。

↓卷积云

积雨云就是天上的水库

当天空的云层形成浓积云之后，若空气对流运动继续增强，那么云顶垂直向上发展则会更加旺盛，一旦达到冻结高度以上，原来浓积云的花椰菜状的云顶便开始冰晶化，原来明显而清晰的边缘轮廓开始在某些地方变得模糊，此时就进入积雨云阶段。积雨云浓而厚，云体庞大如高耸的山岳，顶部轮廓模糊，有纤维结构，底部十分阴暗，常有雨幡及碎雨云。

山雨欲来云先到

积雨云几乎总是形成降水，包括雷电、阵性降水、阵性大风及冰雹等天气现象，有时也伴有龙卷风；在特殊地区，甚至产生强烈的外旋气流，形成下击暴流——这是一种可以使飞机坠毁的气流。

积雨云的类别

积雨云一般分为秃积雨云和鬃积雨云两种。秃积雨云为积雨云的初始阶段，云状特征除了云顶边缘的某些部位由于冰晶化而开始模糊，并呈现丝缕结构之外，其他特征与浓积云相似，两者之间无明显的差别。

鬃积雨云为对流发展极盛阶段，此时云顶发展到极高，由于

↓积雨云

↑积雨云

该高度远高于冻结高度，出现了大量的冰晶，而且又受到上空强稳定层的阻抑，所以云顶花椰菜状迅速消失，趋向平展，形成铁砧状，称为云砧。其边缘出现细鬃条纹，故称"鬃状"。积雨云云砧有时也由于发展过程中因高空风速极大，水平运动加强，使云顶沿风的去向水平铺展开来而形成。积雨云云底阴暗，并有乱流造成的起伏。在云的前方有升降气流造成的滚轴状云。

飞机云的印痕

飞机云，也叫凝结尾，还有种叫法叫飞机尾迹或航空云，是一种由飞机引擎排出的浓缩水蒸气形成的可见尾迹。当炙热的引擎排出废气在空气中冷却时，它们可能凝结形成一片由微小水滴构成的云，即飞机云。如果空气温度足够低，飞机云也可能由微小的冰晶构成。

中的水蒸气含量超过饱和点。这些水蒸气之后会凝结成微小的水滴或小沉积成为飘浮的水分。在高空过度冷却的水蒸气需要一种触发条件以激发它们的凝结或沉淀。引擎废气中的微粒正是起着这种触发条件的作用，促使空气中的水蒸气快速地转变成冰晶。

飞机云的形成原因

在飞机飞行过程中，从机翼尖端或襟翼拖曳出的翼尖旋涡有时因为旋涡核心的水汽凝结的原因，每一个旋涡都是一大片旋转着的空气，翼尖旋涡有时也被称作蒸气尾迹。

引擎废气引起的凝结碳氢燃料燃烧后的主要产物是二氧化碳和水蒸气。在海拔较高处的低温的环境下，局部水蒸气的增加可以使空气

飞机云的秘密

飞机在运动时，机翼会引起机翼附近的气压下降，从而导致温度下降。气压和温度下降的综合效应会导致空气中的水凝结并形成后缘涡流。这种效应在潮湿的天气较为常见。后缘涡流常见于起飞和着陆期间客机的襟翼后方、航天飞机着陆期间，以及在执行高强度演习的军用喷气机上部翼的表面。

霞是骑在太阳上的云朵

霞是日出和日落前后，阳光通过厚厚的大气层，被大量的空气分子散射的结果。当空气中的尘埃、水汽等杂质愈多时，其色彩愈显著。如果有云层，云块也会染上橙红艳丽的颜色。霞分为朝霞和晚霞两种，是一种奇妙的自然现象。

霞的形成原因

在早晨和傍晚的天边，时常会出现五彩缤纷的彩霞。朝霞和晚霞的形成都是由于空气对光线的散射作用。当太阳光射入大气层后，遇到大气分子和悬浮在大气中的微粒，就会发生散射。这些大气分子和微粒本身是不会发光的，但由于它们散射了太阳光，使每一个大气分子都形成了一个散射光源。

根据瑞利散射定律，太阳光谱中的波长较短的紫、蓝、青等颜色的光最容易散射出来，而波长较长的红、橙、黄等颜色的光透射能力很强。因此，我们看到晴朗的天空总是呈蔚蓝色，而地平线上空的光线只剩下波长较长的黄、橙、红光了。这些光线经空气分子和水汽等杂质的散射后，那里的天空就带上了绚丽的色彩。

朝霞不出门，晚霞行千里

俗话说"朝霞不出门，晚霞行千里"。

↓晚霞风光

早上太阳从东方升起，如果大气中水汽过多，则阳光中一些波长较短的青光、蓝光、紫光被大气散射掉，只有红光、橙光、黄光穿透大气，天空染上红橙色，形成朝霞。日出前后出现朝霞，说明大气中的水汽已经很多，而且云层已经从四面八方开始侵入本地区，预示着天气将要转雨，所以"朝霞不出门"。

到了傍晚，在日落前后的天边，有时会出现五彩缤纷的霞，以大红色、金黄色为主色调，表示在我们周边的上游地区天气已经转晴或云层已经裂开，阳光才能透过来形成晚霞，预示笼罩在本地上空的雨云即将东移，天气就要转晴，所以"晚霞行千里"。

↓日落时分的天空

图说经典百科

第四章

雨的神秘世界

　　"小雨润物，强时毁物"，这无疑是对雨最恰当的评价。春雨淅沥沥，有雨的天气虽不能像晴天那样方便外出，但是在这样难得的时间里，静下心来聆听自然的声音，感悟自然的真谛，却也是一个绝佳的选择。"小雨润物"，及时适当的小雨，能给万物带来不少惊喜。它滋润了大地的每一个角落，它把鱼塘和小溪填得满满的，它让花儿们争相开放，它让美丽、生机贯穿整个大地。"强时毁物"，当雨不再是以温柔的一面出现，而是充当另一种角色的时候，它所带来的就是灾难了。比如说暴雨，强烈的长时间的大雨会给农作物、树木带来伤害，同时还会引发泥石流、山体滑坡等自然灾害。万物气象中，并不是所有的雨都是伴随阴天的，晴天太阳当空的时候，也会突地下起一场雨，这就是所谓的太阳雨，晴天飘起的雨……雨的神秘世界，快来探一探吧！

什么是雨

　　自然万物，雨自然是少不了的。有人喜欢的是春天的绵绵细雨，这个时候的雨温暖凉爽、淅淅沥沥，偶尔淋淋小雨，也不用担心会感冒。对于雨你还了解多少？你知道雨是怎样形成的吗？

雨的成因

　　所谓雨简单来说就是水滴，只不过是从天上的云中降落的罢了。当陆地和海洋表面的水蒸发变成水蒸气时，就会上升，当上升到一定高度之后遇冷就会变成小水滴，这些数不清的小水滴碰在一起就组成了云。在云里的小水滴们并不老实，继续你推我挤，互相碰撞，然后就合并成大水滴。当大水滴大到空气托不住的时候，就会从云中落下来，因此就形成了我们所看到的雨。

神奇的小水滴

　　通过雨水的形成，我们知道了雨是由无数小水滴凝聚在一起降下的水滴，而这些所谓的小水滴很小，其直径只有0.0001—0.0002毫米，最大的也只有0.002毫米。它们最初是这样小而轻，但降到地面后体积大约要增大100多万倍。这么惊人的变化，小水滴是怎样做到的呢？

　　其变化主要依靠两个手段：一是依靠凝结和凝华增大，二是依靠云滴（直径微小的悬浮在空气中的小水滴）之间的碰撞增大。在雨滴形成的初期，主要依靠不断吸收云体四周的水汽来使自己凝结和凝华。如果云体内的水汽能源源不断地得到供应和补充，使其表面经常处于过饱和状态，那么它就会不断增大，最终成为雨滴。

　　但有时候云内的水汽含量有限，同一块云里，水汽往往供不应求，这样，一些较小的云滴就会被

↑雨滴

形态也各具特色。有毛毛细雨，有连绵不断的阴雨，还有倾盆而下的阵雨，这些不同程度的降雨构成了雨的奇妙世界。

我们知道雨水是人类生活中最重要的淡水资源，长时间没有雨水，会造成土地干旱，更别提植物苗壮成长了。但长时间较大范围的暴雨又会造成洪水，给人类带来巨大的、不可挽回的灾难。雨是好是坏，真的很难说清。

归并到较大的云滴中去。当云内出现水滴和冰晶共存的情况，凝结和凝华增大过程就会大大加快。足够强大的雨滴在下降过程中不仅能赶上速度较慢的小云滴，有时还会"吞并"更多的小云滴而使自己壮大起来。有了如此得天独厚的条件，云滴当然会越长越大，最终从云中直落到地面，成为雨水。

降水级别

雨水的成因多种多样，其表现

拓展阅读

雨水是地球不可缺少的一部分，是几乎所有的远离河流的陆生植物补给淡水的重要方法。它可以灌溉农作物，能够减少空气中的灰尘，降低气温。它还有利于水库蓄水，补充地下水，补充河流水量，利于发电和航运。它同时还能起到净化环境的作用。

当然雨水带来的坏处也是不可忽略的。雨下多了会影响植物的生长。雷阵雨来时，会出现狂风大作、雷雨交加的天气现象，对植物会造成一定的伤害。同时雨下多了还会导致交通堵塞，引发山体滑坡、泥石流等自然灾害，下雨的时候还会使路面打滑，从而造成车祸。持续的雨天也会影响人的情绪，使人觉得烦闷，等等。

猛烈的暴雨

暴雨是一种降水强度很大的雨。按照气象规定，严格意义上24小时降水量为50毫米或以上的强降雨才可称为"暴雨"。当然由于各地降水和地形特点不同，所以各地暴雨洪涝的标准也有所不同。特大暴雨是一种灾害性天气，而这种天气往往会造成洪涝灾害和严重的水土流失，从而导致工程失事、堤防溃决和农作物被淹等，从而造成重大的经济损失。特别是对于一些地势低洼、地形闭塞的地区，雨水不能迅速宣泄，造成农田积水和土壤水分过度饱和，从而造成更多的地质灾害。

暴雨的等级

根据降雨的强度，暴雨一般可分为一般暴雨、大暴雨和特大暴雨。

暴雨按降水强度的大小分类如下：24小时降水量为50—100毫米称"暴雨"；100—200毫米为"大暴雨"；200毫米以上称为"特大暴雨"。

暴雨的形成过程

暴雨的形成过程相对来说比较复杂。

首先，它需要大气中有充沛的水汽，特别是对流层下部的饱和层要厚。其次，要有强烈的上升气流，使水汽能成云致雨。再次，要有持续时间较长的强降水，即成云致雨的天气系统移动比较缓慢或重复出现。第四，要有有利的地形抬升，导致雨带集中某地，促成局部暴雨。

从天气系统来说，暴雨往往是多种天气系统相互影响、相互制约的产物，气旋、锋面、低槽、低涡、切变线、台风等系统的活动都能促成暴雨。暴雨危害甚大，常造成猝不及防的洪涝灾害。

暴雨的危害

众所周知，暴雨经常夹杂着大风。它常常来势汹汹，尤其是大范围持续性的暴雨和集中的特大暴雨，不仅影响工农业生产，而且可能危害人民的生命，造成严重的经济损失。一般说来，暴雨的危害主要有两种：

第一种是渍涝危害。由于暴雨急而大，排水不畅易引起积水成涝，土壤孔隙被水充满，造成陆生植物根系缺氧，使根系生理活动受到抑制，产生有毒物质，使农作物受害而减产。

第二种是洪涝灾害。由暴雨引起的洪涝淹没农作物，使农作物新陈代谢难以正常进行而发生各种危害，淹水越深，淹没时间越长，危害越严重。特大暴雨引起的山洪暴发、河流泛滥，不仅危害农作物、果树、林业和渔业，而且还会冲毁农舍和工农业设施，甚至造成人畜伤亡，经济损失严重。

暴雨的重灾区

中国是多暴雨的国家，除西北个别省、区外，几乎都有暴雨出现。冬季暴雨局限在华南沿海，4—6月间，华南地区暴雨频频发生。6—7月间，长江中下游常有持续性暴雨出现，历时长、面积广，暴雨量也大。7—8月是北方各省的主要暴雨季节，暴雨强度很大，8—10月雨带又逐渐南撤。夏秋之后，东海和南海台风暴雨十分活跃，并且降水量往往很大。

↓暴雨后的黄昏

来去匆匆的对流雨

对流雨是世界上三大降水形式之一，它是一种由于大气对流运动引起的强降水现象。对流雨时常出现于热带或温带的夏季午后，多以热带赤道地区最为常见。因其日照很强，蒸发旺盛，空气受热膨胀上升，到达高空冷却，凝结成雨。对流雨雨滴大而重，下降很快，且雷电交加，声势极大。

对流雨的成因

对流雨时常出现于热带或温带的夏季午后，以热带赤道地区最为常见。其形成机制是近地面层空气受热或高层空气强烈降温，促使低层空气上升，水汽冷却凝结，就会形成对流雨。

对流雨来临前常伴有大风，大风可拔起直径50厘米的大树，并伴有闪电和雷声，有时还下冰雹。

它的来势虽然急骤，但多在地表流失；对土壤侵蚀虽然严重，好在历时不会太久，雨区也不会太广，如适时而降，对农作物仍不无贡献。对流雨虽然降雨时间短，但大雨滂沱，往往因排水不及而造成淹水现象。

对流雨的运动规律

一般说来，低纬度地区出现对流雨的概率比较大，低纬度地区的降水时间一般在午后，特别是在赤道地区，降水时间非常准确。

早晨天空晴朗，随着太阳升起，天空积云逐渐形成并很快发展，越积越厚；到了午后，积雨云汹涌澎湃，天气闷热难熬，大风掠过，雷电交加，暴雨随即倾盆而下。降水延续到黄昏时停止，雨后天晴，天气稍觉凉爽，但是，第二天又重复有雷阵雨出现。在中高纬度，对流雨主要出现在夏季，冬季极为少见。

对流雨与热带雨林

由于对流雨发生在低纬地区的概率比较多，而低纬地区又多热带雨林，所以，对流雨和热带雨林便有了千丝万缕的关系。高大茂盛的植被生长离不开丰富的降水量。而赤道地区正是由于对流雨的存在，几乎每天都有丰富的降水提供。不仅如此，对流雨在形成之前，阳光明媚，正是植被大力进行光合作用的最好时机。

台风雨

台风雨是由热带海洋上的风暴带来的降雨。这种风暴是由异常强大的海洋湿热气团组成的，台风所到之处暴雨狂泻，一次可达数百毫米，有时可达1000毫米以上，危害性极大，称为台风雨。

台风登陆常常产生大暴雨，少则200—300毫米，多则1000毫米以上。1967年11月17日，我国台湾新寮由于6721号台风影响，一天降水量达1672毫米，两天总降水量达2259毫米。登陆后的台风，如果持续时间较长，不管是与地形还是与冷空气结合，都能产生大暴雨。

←雨林

与气旋相伴的锋面雨

　　锋面雨又叫气旋雨，当锋面活动时，暖湿气流在上升过程中，由于气温不断降低，水汽就会冷却凝结，成云致雨，这种雨便称为锋面雨。锋面常与气旋相伴而生。锋面有系统性的云系，但是并不是每一种云都能产生降水。只有两种性质不同的气流相遇，才能达到这种效果。在锋面上，暖、湿、较轻的空气被抬升到冷、干、较重的空气上面去，在抬升的过程中，空气中的水汽冷却凝结而形成的降水叫锋面雨。

锋面雨的形成机制

　　锋面雨的形成有其特殊的过程，因为锋面雨主要发生在雨层云中，在锋面云系中雨层云最厚，又是一种冷暖空气交接而成的混合云，其上部为冰晶，下部为水滴，中部常常冰水共存，所以能很快引

起冲并作用。因为云的厚度大，云滴在冲并过程中经过的路程长，有利于云滴增大，雨层云的底部离地面较近，雨滴在下降过程中不易被蒸发，非常有利于形成降水。

　　雨层云越厚，云底距离地面越近，降水就越强。高层云也可以产生降水，但卷层云一般是不产生降水的。因为卷层云云体较薄，云底距离地面远，含水量又少，即使有雨滴下落，也不易到达地面。

锋面雨的特点

　　锋面雨有个显著的特点便是降水的水平范围大，它常常形成沿锋面产生大范围的呈带状分布的降水区域，这些区域被称为降水带。随着锋面平均位置的季节移动，降水带的位置也移动。例如，我国从冬季到夏季，降水带的位置逐渐向北移动，5月份在华南，6月上旬到南岭—武夷山一线，6月下旬到长江一线，7月到淮河，8月到华北；从夏季到冬季，则向南移动，在8月下旬从东北、华北开始向南撤，9月即可到华南沿海，所以南撤比北进快得多。

另外，锋面雨的另一个特点是持续时间长，因为层状云上升速度慢，含水量和降水强度都比较小。有些纯粹的水云很少发生降水，有降水发生也是毛毛雨。但是，锋面降水持续时间长，短则几天，长则10天半个月以上，有时长达1个月以上。"清明时节雨纷纷"，就是对我国江南春季锋面降水现象的准确而恰当的描述。

↓锋面雨

锋面雨对人类生活的影响

锋面雨影响着人们生活的方方面面，尤其是在我国这种锋面雨比较典型的国家。首先，锋面雨对河流影响最直接的是河流沿岸植被的多少。其次，降雨期间，也会对河流清浊度产生短期的影响。影响程度与降雨时间和降雨强度有关。总的来说，锋面雨是一种长时间、高降水量的降雨，但是降雨的强度比较小。由于这些特点，锋面雨对地表的冲刷力相对于对流雨要小得多，而对地表的渗透程度要大得多。

"巴山夜雨涨秋池"

巴山夜雨这个词可以分开来解释，夜雨是指晚八时以后到第二天早晨八时以前下的雨，"巴山"是指大巴山脉，"巴山夜雨"其实是泛指多夜雨的我国西南山地（包括四川盆地地区）。

巴山雨的降水量

我国四川盆地地区的夜雨量一般占全年降水量的60%以上。例如，重庆、峨眉山分别占61%和67%，贵州高原上的遵义、贵阳分别占58%和67%。我国其他地方也有多夜雨的，但夜雨次数、夜雨量及影响范围都不如大巴山和四川盆地。

巴山多雨的原因

巴山夜雨，从气候上来分析，

很重要的一点便是西南山地潮湿多云。夜间，密云蔽空，云层和地面之间，进行着多次的吸收、辐射、再吸收、再辐射的热量交换过程，因此云层对地面有保暖作用，也使得夜间云层下部的温度不至于降得过低；夜间，在云层的上部，由于云体本身的辐射散热作用，使云层上部温度偏低。这样，在云层的上部和下部之间便形成了温差，大气层结构趋向不稳定，偏暖湿的空气上升形成降雨。

第二，西南山地多准静止锋，云贵高原对南下的冷空气有明显的阻碍作用，因而我国西南山地在冬季常常受到准静止锋的影响。在准静止锋滞留期间，锋面降水出现在夜间和清晨的次数占相当大的比重，从而增加了西南山地的夜雨率。

"黑色"的酸雨

酸雨其实是一种民间俗称，它的正式名称是酸性沉降，可分为"湿沉降"与"干沉降"两大类，前者指的是所有气状污染物或粒状污染物，随着雨、雪、雾或雹等降水形态而落到地面者；后者则是指在不下雨的日子，从空中降下来的落尘所带的酸性物质。

酸雨的成因

当烟囱排放出的二氧化硫酸性气体，或汽车排放出来的氮氧化物烟气上升到空中与水蒸气相遇时，就会形成硫酸和硝酸小滴，使雨水酸化，这时落到地面的雨水就成了酸雨。煤和石油的燃烧是造成酸雨的罪魁祸首。

酸雨的危害

酸雨对环境的污染相当严重，

城市大气污染的严重程度已经改变了季节变化和昼夜变化的规律，而这些污染又大体可分为煤炭型和石油型两类。煤炭型是燃煤引起的，因此污染强度以对流最强的夏季和白天为最轻，而以逆温最强、对流最弱的冬季和夜间为最重。伦敦烟雾事件就属于这种类型。石油型是石油和石油化学产品和汽车尾气所产生的，由于氮氧化物和碳氢化物等生成光化学烟雾时需要较高气温和强烈的阳光，因此污染强度变化规律和煤炭型刚好相反，即以夏季

↓酸雨过后

午后发生频率最高，冬季和夜间少或不发生。洛杉矶光化学烟雾事件就属于这种类型。

另外，城市云量增多的结果，使城区日照时数和太阳辐射量均有减少。城市中烟尘粒子增多的结果，使大气透明度变差，所以有人称城市为"烟霾岛"或"浑浊岛"。烟尘大量削弱太阳光中的紫外线部分(在太阳高度较低时甚至可减少30%—50%)，这对城市居民的身体健康也是不利的。

土壤酸化

除了以上这些危害，酸雨还可导致土壤酸化。我国南方土壤本来多呈酸性，再经酸雨冲刷，加速了酸化过程；我国北方土壤呈碱性，对酸雨有较强的缓冲能力，不会轻易被酸化。土壤中含有大量铝的氢氧化物，土壤酸化后，可加速土壤中含铝的原生和次生矿物风化而释放大量铝离子，形成植物可吸收形态的铝化合物。植物长期和过量吸收铝，会中毒甚至死亡。酸雨还能加速土壤矿物质营养元素的流失；改变土壤结构，导致土壤贫瘠化，影响植物的正常发育；酸雨还能诱发植物病虫害，使农作物减产。

酸雨还能使非金属建筑材料（混凝土、砂浆和灰砂砖）表面硬化、水泥溶解，出现空洞和裂缝，导致强度降低，从而损坏建筑物。酸雨使建筑材料变脏、变黑，影响城市市容和城市景观，被人们称为"黑壳"效应。

↓酸雨过后的树木

令人生畏的雷电

雷电是一种伴有闪电和雷鸣的雄伟壮观而又有点令人生畏的自然现象。雷电一般产生于对流发展旺盛的积雨云中，因此常伴有强烈的阵风和暴雨，有时还伴有冰雹和龙卷风。

雷电产生的原因

产生雷电现象时，积雨云顶部一般较高，可达20千米，云的上部常有冰晶。冰晶的凇附、水滴的破碎以及空气对流等过程，使云中产生电荷。云中电荷的分布较复杂，但总体而言，云的上部以正电荷为主，下部以负电荷为主。因此，云的上、下部之间形成一个电位差。当电位差达到一定程度后，就会产生放电，这就是我们常见的闪电现象。闪电的平均电流是3万安培，最大电流可达30万安培。闪电的电压很高，约为1亿—10亿伏特。

一个中等强度雷暴的功率可达一千万瓦，相当于一座小型核电站的输出功率。放电过程中，由于闪电通道中温度骤增，使空气体积急剧膨胀，从而产生冲击波，导致强烈的雷鸣。带有电荷的雷云与地面的突起物接近时，它们之间就发生激烈的放电。在雷电放电地点会出现强烈的闪光和爆炸的轰鸣声。这就是人们见到和听到的电闪雷鸣。

雷电的四种分类

我们通常所说的雷电一般分直击雷、电磁脉冲、球形雷、云闪四种。其中，直击雷和球形雷都会对人和建筑物造成危害；而电磁脉冲主要影响电子设备，主要是受感应作用所致；云闪由于是在两块云之间或一块云的两边发生，所以对人类危害最小。

之所以叫直击雷，是因为在云体上聚集了很多电荷，大量电荷要找到一个通道来释放，有的时

↑雷电

通常会产生电荷，底层为负电，顶层为正电，而且还在地面产生正电荷，如影随形地跟着云移动。正电荷和负电荷彼此相吸，但空气却不是良好的传导体。

正电奔向树木、山丘、高大建筑物的顶端甚至人体之上，企图和带有负电的云层相遇；负电荷枝状的触角则向下伸展，越向下伸越接近地面。最后负、正电荷终于克服空气的阻碍而连接上。巨大的电流沿着一条传导气道从地面直向云涌去，产生出一道明亮夺目的闪光。一道闪电的长度有的有数千米，最长可达数百千米。

正常闪电的温度从17000℃—28000℃不等，也就是等于太阳表面温度的3—5倍。闪电的极度高热使沿途空气剧烈膨胀而移动迅速，因此形成波浪并发出声音。闪电距离近，听到的就是尖锐的爆裂声；如果距离远，听到的则是隆隆声。

如果在看见闪电之后可以按下秒表，听到雷声后即把它按停，然后用读取的秒数乘以0.34（声速为340米/秒），即可大致知道闪电离你有多少千米。

候是一个建筑物，有的时候是一个铁塔，有的时候是空旷地方的一个人，所以这些人或物体都变成电荷释放的一个通道，从而把人或者建筑物击伤了。直击雷是威力最大的雷电，球形雷的威力比直击雷要小。

图说气象知识

闪电是怎么形成的

暴风云是有很大威力的，它

东边日出西边雨

万里晴空的好天气，有时也会突然下起一场小雨，这时太阳和降雨同时出现，是多么奇特的事。这种雨就被称为"太阳雨"，于是出着太阳下雨也就成了一种可能。

太阳雨的成因

夏天日照辐射较强，对流旺盛，容易形成对流云，这种对流云范围大小不一，高空中两块带有不同电荷的云在太阳风的作用下相互碰撞，造成局部地区空中水汽含量过大形成降雨；而太阳辐射使水汽蒸发得较快，云层本来就较薄，没有多少水分，所以，从高空降下的雨还没落地，云就已经消失了。所以，天气看起来虽然晴朗，却下起雨来了。这种情况下所降落的阵雨也是局部性的。

热带地区的太阳雨

夏天经常出现的"太阳雨"是高云天气引起的，太阳在云层的下端，又有冷空气的影响，所以出现了晴天下雨的自然现象。其实下太阳雨时，还是有云的，只不过云没有遮住太阳，或者因为远方的乌云产生雨，被强风吹到另一地落下。

太阳雨多见于热带和亚热带地区，因为此时天空中也有太阳，所以温度还是比较高的，加上降雨量不大，持续时间很短，基本上是一过性的。但正是它的这一其特性给人们带来了别样的感受，所以也就有了"太阳雨"这个气象名词。

图说经典百科

第五章

美丽的雪花使者

　　春、夏、秋、冬四个季节，各有各的好，各有各的美。有人喜欢春天，万物复苏，多么有朝气啊，有人喜欢夏天，虽然炎热，但却可以换上漂亮的衣服，与水来一场亲密接触；秋天则是一个凋零落寞的季节，许多树木落下了叶子，成了光秃秃的光杆司令，但是落叶飘零、悠悠然的日子却也别有一番滋味，到了冬天，下一场雪，堆一个雪人，打一场雪仗，是多么惬意啊……冬天，雪是寒冷的使者，是这个季节赋予人类最美丽的礼物。虽然有时候，雪来得粗暴了点，鲁莽了点，但却依然是一场美丽的洗礼。所谓瑞雪兆丰年，雪带来的惊喜多着呢！

晶莹的雪花使者

雪花是一种六角形的晶体，像花，所以得名雪花，它的结构随温度的变化而变化，它在飘落过程中成团攀联在一起，就形成雪片。单个雪花的大小通常在0.05—4.6毫米之间。雪花很轻，单个重量只有0.2—0.5克。

雪花形成的秘密

当凝结核在0℃以下时，水点便会开始凝结成冰晶。由于那些水点是非常细小并且是看不到的，很多人误以为这是升华作用（升华作用是指水蒸气没有经过液态的过程而直接变成冰）。

当冰晶形成后，围绕冰晶的水点会凝固并与冰晶黏在一起，细小的冰晶会吸引更多的水点而逐渐长成更大的冰晶，直至2—200个冰晶联系在一起，形状不同而且独一无

二的雪花便形成了。

雪由天上降至地上的速度快慢各异，极小的晶体下降速度近乎零，一般雪花则以每秒1米的速度下降，融化中的雪要快好几倍。每当雪晶碰到过冷的水点时，它们会立刻凝固在一起，形成柔软的结合体，即雪小球，而整个过程被称为"蒙霜"。在温和的区域里，水分子的增加造就了冰晶的生长，从而形成了雪花。

雪花的六边形世界

雪花的形状，涉及水在大气中的结晶过程。大气中的水分子在冷却到冰点以下时，就开始凝华，形成水的晶体，即冰晶。冰晶和其他一切晶体一样，其最基本的性质就是具有规则的几何外形。冰晶属六方晶系，六方晶系具有四个结晶轴，其中三个辅轴在一个平面上，互相以60°角相交；另一主轴与这三个辅轴组成的平面垂直。六方晶

系的最典型形状是六棱柱体。但是，当结晶过程中主轴方向晶体发育很慢，而辅轴方向发育较快时，晶体就呈现出六边形片状。

雪花是奇妙的保温毯

美丽的雪花总在极为寒冷的冬天飘飘落下，堆一个雪人，打一场雪仗，都是不错的选择。与雪接触后，你会发现，手会越来越暖，似乎雪花可以起到保温作用哩！

是的，积雪具有保温作用。积雪就像一条奇妙的地毯，白花花地铺盖在大地上，使得地面温度不会因冬季的严寒而降得太低。这种因寒治寒的保温作用，和它本身的特性是分不开的。

雪花和棉花一样，其之间的孔隙度很高，钻进积雪孔隙里的空气，使地面温度不会降得很低。积雪的保温功能会随密度的变化而随时变化，新雪的密度低，储藏在里面的空气就多，因此保温作用就显得特别强；而老雪就像旧棉袄，密度高，储藏在里面的空气就少，因此保温作用就弱些。

↓被雪覆盖的树林

第五章 美丽的雪花使者

成灾的暴雪

　　暴雪是指特别大的降雪过程，一般它会给人们的生活、出行带来极大的不便。降雪量是衡量雪的级别的标准，它是气象观测者用一定标准的容器，将收集到的雪融化后测量出的量度。如果24小时的降雪量（融化成水）≥10毫米便可称为暴雪。

暴雪蓝色预警

　　暴雪蓝色预警是指12小时内降雪量将达4毫米以上，或者已达4毫米以上且降雪持续，可能对交通或者农牧业有影响的预警。

暴雪黄色预警

　　暴雪黄色预警是指12小时内降雪量将达6毫米以上，或者已达6毫米以上且降雪持续，可能对交通或者农牧业有影响的预警。

暴雪橙色预警

　　暴雪橙色预警是指6小时内降雪量将达10毫米以上，或者已达10毫米以上且降雪持续，可能或者已经对交通或者农牧业有较大影响的预警。

暴雪红色预警

　　暴雪红色预警是指6小时内降雪量将达15毫米以上，或者已达15毫米以上且降雪持续，可能或者已经对交通或者农牧业有较大影响的预警。

扩/展/阅/读

暴雪的应对措施

　　1.尽量待在室内，不要外出。
　　2.如果在室外，要远离广告牌、临时搭建物和老树，避免砸伤。路过桥下、屋檐等处时，要小心观察或绕道通过，以免因冰凌融化脱落伤人。

↑雪景

3.非机动车应给轮胎少量放气，以增加轮胎与路面的摩擦力。

4.要听从交通警察指挥，服从交通疏导安排。

5.注意收听天气预报和交通信息，避免因机场、高速公路、轮渡码头等停航或封闭而耽误出行。

6.驾驶汽车时要慢速行驶并与前车保持距离。车辆拐弯前要提前减速，避免踩急刹车。有条件要安装防滑链，佩戴色镜。

7.出现交通事故后，应在现场后方设置明显标志，以防连环撞车事故发生。

8.如果发生断电事故，要及时报告电力部门迅速处理。

猛烈的暴风雪

所谓暴风雪是对-5℃以下大降水量天气的统称。暴风雪发生时伴有强烈的冷空气气流，其形成和暴风雨类似。冬天，云中较低的温度使得小水滴结冰，当结冰的小水滴撞到其他的小水滴时，就变成了雪。当它们变成雪之后，又会继续与其他小水滴或雪相碰撞。当雪变得足够大时，就会往下落了。

一般的雪多是无害的，但当风速达到每小时56千米，温度降到-5℃以下，并伴有大量的雪时，具有危害性的暴风雪便形成了。

暴风雪之灾

近年来发生的最大的暴风雪之一，发生在1977年7月下旬。暴风雪强烈地袭击了美国水牛城和纽约周围的地区，随风而来的积雪达到了十几英尺的厚度。

人们对暴风雪的恐惧，并不是风的威力给人们带来了麻烦，而是风带来的雪的数量使人们望而生畏。两者密不可分，强大的风可以把雪从地面上卷起来，把它们加到正在降落的雪的队伍中。其威力是很大的，在美国纽约的水牛城，大风把堆积在伊利湖冰面上的积雪卷起，然后全部倾倒在水牛城中，可以想象这是多么浩大的一项工程。

风是雪灾的催化剂

造成暴风雪的一个最主要的原因就是风的促进作用。风的影响是很大的，除了在空旷的原野和海上，接近地面的风很少能从一个方向长久地吹来，其方向和风力常会因地点不同而不断发生变化。

障碍物、摩擦力和地面都是减少风速的因素。如果爬到离地面很高的地方，会感到风速大了很多。所以，城市里的风要比环绕它的乡村小一些。而晚上这种情况又恰好相反，市中心的风速反而大过了郊区。

雨雪本不同根生

　　雪跟雨完全属于两种情况，虽然都同为液体，但雨是流动的且不能被压缩。如果用力挤压水，它的量是不会发生任何改变的。

　　而雪就不是这么回事了，雪本身不会流动，即落地后就开始堆积。风可带动其飞翔，将它吹到特定的地方，所以你会发现，一些地方的积雪会比别的地方厚。因为雪颗粒之间有空隙，雪常可以被压缩。

↓暴雪

雪暴

　　"雪暴"是指发生在冬春季节，强冷空气影响而形成的暴风雪天气。"雪暴"来临时，空气气温很低，大雪漫天随风弥漫，所见之处全为白茫茫的一片，很少能看到东西。

　　雪暴又被称为布冷风或布加风，是一种低温、强风和大雪的恶劣天气。其一般被定为风速大于51千米/小时，雪足以使能见度降到150米或以下的一种风暴。强烈雪暴中风速大于72千米/小时，能见度接近于零，气温在−12℃以下。在南极地区，雪暴是指从冰盖边缘溢出的平均风速为160千米/小时的强风。

霰是雪的前奏曲

霰，也叫雪糁或软雹，是一种白色不透明的圆锥形或球形的颗粒固态降水，下降时常显阵性，着硬地常反弹。霰松脆易碎，是高空中的水蒸气遇到冷空气凝结成的小冰粒，多在下雪前或下雪时出现。

霰的结构

霰的结构较一般的雪及微粒密实，是外覆的霜所造成的，结合体的重量及低黏性使得表层无法稳固在斜坡上，20—30厘米深度仍会有大雪崩的风险。由于气温及霰的特性，霰于雪崩后一至两天变得较紧密及稳固。

霰的直径一般为0.3—2.5毫米，性质松脆，很容易压碎。霰不属于雪的范畴，但它也是一种大气固态降水，常发生在0℃，也可能存在于－40℃附近的温度，而且属

于未结冻的状态。霰通常于下雪前或下雪时出现。

霰的成因

在空气温度下降到一定程度时，雪晶可能接触到过冷云滴，这种小滴的直径约10微米，于－40℃时仍呈液态，较正常的冰点低许多。雪晶与过冷云滴的接触导致过冷云滴在雪晶的表面凝结。晶体增长的过程即为凝聚的过程，雪晶的表面有许多极冷的小滴而成为霜，当此过程持续使原本雪晶的晶形消失时而称为霰。

霰与冰雹

霰和冰雹的主要区别是，霰比较松散，而冰雹很硬；冰雹常出现在对流活动较强的夏、秋季节，而霰常出现在降雪前或与雪同时降落。

雨雪同落

　　雨夹雪就是指雨滴和雪同时降落的一种天气现象。这种现象并不罕见，雪是水的结晶体，天空中的云遇到冷空气，温度下降，水汽在低温和微小尘埃的共同作用下便会形成冰晶。其体积不断增大，密度超过了空气就会降落，也就是下雪了。当然，晴朗的天空一般是不会下雪的。然而由于云层的不同，一层降下的是雪，另一层则是雨，所以会形成雨夹雪。

雨夹雪天气的成因

　　之所以会出现雨夹雪，是因为大气层高度不同，它的气温也会不同。当雨雪天气时，大气从地面到高空云层的温度是由高到低的，降水云层温度低于零度时，水蒸气凝成结晶体，就会下雪；如果高于零度，就会下雨。但有时候大气温度已经低于零度了而地面温度还是零度以上时，空中降下的雪花到近地面时开始融化，小的雪花就化成雨滴，大的可能还没完全融化还处于结晶状态，仍然是雪花，于是就出现了雨夹雪的天气。

六月飞雪的原因

　　炎夏季节，大气零度层一般离地面有三四千米的距离。而雪花、雹块、不稳定的过冷水等只可能出现在零度层，冰雹由于本身不易融化，夏天也常能见到，而雪花从高空落下不融化，实在罕见。

　　但是积雨云体积不大，云层的零度层也不是等高面分布的。其局部会凹向地面，这些云层里，含有雪花和雹块。在炎热的夏季，冷暖气流对流剧烈，突起的大风将含有雪花、雹块的低空积雨云迅速拉向地面。由于局部气温过低，这时候在局部地域出现短时间的炎夏雪花飞舞的场景并不是不可能的。

↑雨夹雪

"大落大晴，小落小晴"

阵雪是指降雪时间短促，强度变化很大，开始和终止都较突然的雪。当冷空气势力较强，地面气温下降到0℃或0℃以下时，就形成了雪。

这时候，暖空气被迫南撤，天气随之转晴，因此就有了"落雪见晴天"的说法。当冷空气势力很强的时候，雪就会下得较大，暖空气迅速南撤，天气很快便能转晴，且持续时间会很长，因此又有了"大落大晴，小落小晴"的形象说法。

北风吹雪

风吹雪是指由气流夹带起分散的雪粒在近地面运行的多相流，又称风雪流，简称风吹雪。它是一种较为复杂的特殊流体，有较大的危害性。

风吹雪的形成原因

风吹雪的形成主要是源于起动风速和雪的输送。前者是指使雪粒起动运行的临界风速，它的大小既和雪的密度、粒径、黏滞系数等有关，又与太阳辐射、气温、地面粗糙度等外界条件有关。一般情况下，气温从 $-23\,℃$ 升至 $-6\,℃$ 时，1米高处地面雪的起动风速是在4米/秒左右。

达到起动风速后，气流沿积雪表面呈现为水平与垂直方向的微小涡旋群把雪粒卷起，并以跳跃、滚动、蠕动和悬浮形式在地面或近地气层中运行。气流对雪的输送长度取决于风蚀雪面的状况，可从数十米到数百米。

风吹雪的类型

风吹雪既有季节性的，也有全年不停地风吹雪。风吹雪有不同的种类，依据雪粒的吹扬高度、吹雪的强度及对能见度的影响，可分成三类。

低吹雪，指地面上的雪被气流吹起贴地运行，吹扬高度在2米以下。

高吹雪，指较强气流将地面上的雪卷起，吹扬高度达2米以上，水平能见度小于10千米。

暴风雪，指大量的雪随暴风飘行，风速达17.2米/秒以上，伴有强烈的降温，水平能见度小于1千米（天空是否有降雪难以判定）。

风吹雪变化规律

风吹雪以0—10厘米这一层雪

粒为最多，且其随高度的变化而变化，具有成层分布的规律。风吹雪所形成的积雪深度比自然积雪要厚3—10倍，且对自然积雪有着重新分配的作用。

风吹雪经过平坦开阔地面时，其风力多以摩擦损失为主，损失能量较少，雪粒可随风任意运行并形成多种吹蚀微形态。风经过起伏变化大的地面时，不仅摩擦阻力增大，同时因地形的局部变化，产生的涡旋阻力可使风速急剧减小，导致雪粒大量堆积，且堆积形态多种多样，有雪檐、雪堤、雪丘、雪舌、波浪式雪堆等形态。

↓风吹雪

雪的塌方

雪崩分为干雪崩和湿雪崩，一般是指积雪顺沟槽或山坡向下滑动引起雪体崩塌的现象。当山坡积雪内部的内聚力抗拒不了它所受到的重力拉引时，便向下滑动，引起大量雪体崩塌，也有的地方把它叫作"雪塌方""雪流沙"或"推山雪"。同时，它还能引起山体滑坡、山崩和泥石流等可怕的自然现象。因此，雪崩被人们列为积雪山区的一种很严重的自然灾害。

雪崩的形成原因

雪崩一般只会发生在经常有积雪的地方，而一旦积雪太厚，便很容易发生雪崩。积雪经阳光照射以后，表层雪融化，雪水渗入积雪和山坡之间，从而使积雪与地面的摩擦力减小；与此同时，积雪层在重力作用下，开始向下滑动。积雪大量滑动造成雪崩。

雪崩发生的时间

雪崩之所以叫雪崩，它的一大前提便是要有雪，所以大多数的雪崩都发生在冬天或者春天降雪非常大的时候，尤其是暴风雪暴发前后。这时的雪非常松软，黏合力比较小，一旦一小块被破坏了，剩下的部分就会像一盘散沙或者多米诺骨牌一样，产生连锁反应而飞速下滑。

春季，由于解冻期长，气温升高时，积雪表面融化，雪水就会一滴滴地渗透到雪层深处，让原本结实的雪变得松散起来，大大降低了积雪之间的内聚力和抗断强度，使雪层之间很容易产生滑动。

雪崩的类别

雪崩分湿雪崩（又称块雪崩）、干雪崩（又称粉雪崩）两大

↑ 雪崩

类。其形成和发生因地貌和气候条件的不同而不同。

在两大类雪崩中，湿雪崩更危险。它一般发生于一场降水之后的数天内，因表面雪层融化，随之渗入下层雪中并重新冻结，从而形成"湿雪层"。湿雪崩是块状，速度慢，但重量大，质地密，在雪坡上最初就像墨渍似的，随后越变越大。它所造成的摧毁力是很强的，一旦发生灾难，进行解救是有一定困难的。

干雪崩则像流体一样，常夹带大量空气。这种雪崩速度极快，它们可迅速从高山上飞腾而下，转眼就能吞没一切，它们甚至还能在冲下山坡后继而再冲上对面的高坡。一场大雪之后，山上的雪还没来得及融化，或在融化的水又渗入下层雪中再形成冻结之前，这时的雪是"干"的，也是"粉"的，因此干雪崩又有粉雪崩一说。

图说经典百科

第六章

走过夏天的"火焰山"

夏天炎热，人们想方设法避免中暑，避免太阳……女孩子们穿上了美丽的裙子，人们的外出活动也因此减少了。夏日里的炎热不可小视，太阳发起怒来，足以把整个地面烤得火热，叫你奈何不得，尤其是这个季节里几个特殊的节气更是热得你叫苦不迭。

立夏是夏季的开场白

每年的5月5日或6日，是农历的立夏。"斗指东南，维为立夏，万物至此皆长大，故名立夏也。"

天文学上说，立夏表示告别春天，迎来夏天。人们习惯上把立夏当作温度明显升高，炎暑将临，雷雨增多，农作物进入旺季生长的一个重要节气。此时，太阳黄经为45°。

立夏的历史渊源

立夏这一节气，在战国末年（公元前239年）就已经确立了，它预示着春夏季节的转换，是按农历划分四季之夏季开始的日子。如《逸周书·时讯解》说道：这一节气中首先可听到蝼蝈在田间的鸣叫声，接着大地上便可看到蚯蚓掘土，然后瓜的蔓藤开始快速攀爬生长……这是对这一节气万物的一种描述。

按气候学的标准，日平均气温稳定升达22℃以上时，就表明夏季开始了。立夏时节，万物繁茂，各种农作物都该在此季节播种耕种，所以我国古来很重视立夏节气。

据记载，周朝时，立夏这天，帝王要亲自率领文武百官到郊外"迎夏"，并指令官员去各地勉励农民抓紧时间耕作。由此可以看出这一节气的重要性。

立夏过后迎炎热

立夏以后，江南就迎来了雨季，这时候的雨量和下雨日都明显增多，连绵的阴雨不仅导致农作物的湿害，而且还会引起多种病害的流行。

华北、西北等地在立夏前后，气温回升很快。但降水仍不多，再加上春季多风，蒸发强烈，所以干燥的大气和干旱的土壤也常严重影响农作物的正常生长。尤其是小麦灌浆乳熟前后的干热风，更是导致

图说气象知识

产量减少的重要灾害性天气。

"立夏三天遍地锄"，这时杂草生长很快，"一天不锄草，三天锄不了"。中耕锄草不仅能除去杂草，抗旱防渍，另外还能对提高地温有一定的作用，对促进农作物的生长具有十分重要的意义。

立夏在民间

江西一带有立夏饮茶的习俗，民间说法有"不饮立夏茶，一夏苦难熬"。古代的君王也常在夏季初始的日子，到城外去迎夏。

夏季时节，青蛙开始聒噪着夏日的来临，蚯蚓也忙着帮农民们翻松泥土，乡间田埂的野菜也在争相出土，竞相生长，田间别有一番滋味。清晨的时候，迎着初夏的霞光，漫步于乡村田野、海边沙滩，聆听自然，可从这温和的阳光中感受万物的深情，是多么美丽惬意的一件事啊！

↓立夏农作物

夏日炎炎暑相连

大、小暑是夏天季节里两个重要的节气。这两个节气代表了两种意思，大暑是炎热的意思，它是一年中最热的节气。而小暑为小热，这个节气还不算十分热，意思是天气开始炎热，但并不是最热。全国大部分地区基本符合此规律。下面让我们详细地了解一下大、小暑的知识。

一年中最热的节气

大暑，二十四节气之一。在每年的7月23日或24日，太阳到达黄经120°。大暑是华南东部35℃以上高温出现最频繁的时期，也是西部雨水最丰沛、雷暴最常见、30℃以上高温日数最集中的时期。

大暑前后，气温高是气候正常的一个表现。较高的气温有利于农作物的灌溉，但是如果气温过高，则会影响农作物的生长。

华南西部入伏后，光、热、水都处于一年的高峰期，三者是促进农作物生长的良好气候条件，但需注意防洪排涝。华南东部则因高温、长日照，并有少雨相伴出现，所以不仅会限制光热优势的发挥，还会加剧伏旱对农作物的不利影响。因此要注意采取措施，趋利避害。

炎热的大暑不仅是农作物生长的季节，还是茉莉、荷花盛开的季节。此时香气沁人心脾、浓郁芬芳，给人以洁净清爽的享受。高洁的荷花，更是争奇斗艳，有"映日荷花别样红"之美称。

小暑是防汛抗旱的警卫员

小暑为每年的7月7日或8日，为太阳到达黄经105°时。暑，表示炎热的意思，小暑为小热，但不十分热。意指天气开始炎热，但没到最热的时候。这时江淮流域的梅雨

天气即将结束，盛夏开始，气温升高，并进入伏旱期；而华北、东北地区则进入多雨季节。

小暑节气后，南方应注意抗旱，北方则注意防涝，全国的农作物都进入苗壮成长阶段，应加强田间管理工作。

小暑开始，江淮流域梅雨先后结束，东部淮河、秦岭一线以北的广大地区就将开始受到来自太平洋的东南季风雨季影响，降水明显增加，且雨量集中；华南、西南、青藏高原也处于来自印度洋和我国南海的西南季风雨季的影响；而长江中下游地区则一般为副热带高压控制下的高温少雨天气，常常出现伏旱现象。

↓荷花

闷热的三伏天

三九天是一年中最冷的几天，而三伏天则是一年中最热的几天，在中国民间谚语中被称为伏邪，天气太热了，宜伏不宜动，说明这几天对人的影响是很大的。

三伏天的命名

三伏天出现在小暑与大暑之间，是一年中气温最高且又潮湿、闷热的日子。三伏是按农历计算的，大约在阳历的7月中旬至8月上旬间，按照我国古代流行的"干支纪日法"，每逢有庚字的日子叫庚日，庚日每10天重复一次。从夏至开始，第3个庚日为初伏，第4个庚日为中伏，立秋后第1个庚日为末伏。所以划分三伏天，就是夏至之后的第三个天干的庚日，进入三伏天之后，都是很热的，特别第三伏的10天是最热的。

三伏天闷热的原因

从气象学来说，七、八月份副热带高压加强，在副热带高压的控制下，高压内部的下沉气流使得天气晴朗少云，有利于阳光照射，地面辐射增温，天气就更热。入伏后地表湿度变大，每天吸收的热量多，散发的热量少，地表层的热量累积下来，进入三伏，地面积累的热量达到最高峰，天气就最热。另外，夏季雨水多，空气湿度大，天气比较闷热。

三伏天易发生中暑

如果长期处在高温和热辐射下，人体的体温调节功能会发生障碍，水、电解质代谢紊乱，甚至造成神经系统功能的损害，这种症状就称为中暑。三伏天因为温度比较高，人长期处在高温状态下容易造成体内水平衡的紊乱，而且这段时期的雨水多，比较闷热，人的呼吸及机体的调节容易不平衡，所以人易发生中暑现象。

1913年7月，在美国加利福尼亚州的岱斯谷中，测得了56.7℃的纪录，夺得了"世界热极"的称号。1922年9月，利比里亚的加里延温度被测得57.8℃的最高纪录，成为迄今为止的"世界热极"。

知/识/链/接

1879年7月，在阿尔及利亚的瓦拉格拉测到了53.6℃的最高气温。

↓三伏天

杀人的热浪

炎热的夏天一浪高过一浪的高温天气频频向人们袭来，这种天气造成的热浪可以导致人类的死亡，是一种可怕的天气现象。

热浪出现的原因

热浪是指一段不同寻常的天气，持续地保持过度的炎热让人热得难受，通常是指夏季里所出现的35℃以上的持续高温且常伴有湿度过高的暑热天气。热浪一般可以持续几天甚至几周，这一极端天气会使人体的耐力超过极限而导致死亡，所以又称为杀人浪，全世界每年都有数千人因热浪袭击而致死。

导致热浪的直接原因是盛夏季节天气中出现反气旋或高压脊现象，而反气旋导致气候干燥，气温升高，从而出现高温酷热天气。

热浪导致高温

高温与热浪两者存在互为因果的关系，高温是热浪的结果，热浪是高温形成的原因，但并不是说所有的高温都是由热浪袭击引起的。热浪具有周期性和偶发性的特点，热浪频发于夏季，但是热浪发生的区域、时间、频次和强度都是不断

变化的，所以热浪的发生是相对来讲的，一个对较热气候地区来说是正常的温度对一个通常较冷的地区来说可能就是热浪。

热浪除了与副热带高压有关之外，人为的因素也不能不引起重视。热浪与全球气候变暖、城市的温室效应、热岛效应，以及臭氧层破坏造成太阳辐射过强等都有关系，这些因素加剧了热浪的发生，而伴随着热浪频率和强度的增加，热浪将更严重。

夏日热浪需注意

在炎热的夏季，皮肤在热浪的刺激下，散热功能会下降，而且红外线和紫外线可穿透皮肤引起皮肤干燥，从而影响全身各器官组织的功能，所以夏季时要及时打太阳伞，涂防晒霜、护肤品等来保护皮肤，以免受到强烈阳光的刺激而导致灼伤、晒伤。同时还要多喝水和清凉的饮料，注意休息，以免中暑。

↓热浪天气

蒸房里的"桑拿天"

夏天的"桑拿天"也是一个极为炎热、不可小视的天气。闷热、潮湿的"桑拿天"就像一个火热的大蒸房，熏蒸着每一个人。

闷热的桑拿

桑拿天不是一个气象名词，而是用隐喻手法形容又闷又热、令人浑身汗水外浸的天气。

出现桑拿天是因为夏季水汽丰富，降雨导致空气相对湿度加大，（气象学意义上的桑拿天湿度要超过60%），地面温度较低，而高空温度相对较高，风力小，空气流通速度减慢。所以这种桑拿天气温虽然并不太高，但是人们会感觉到闷热，也正是这种闷热会让人感觉不适。

桑拿天的生活小贴士

桑拿天气温高、湿度大，人体汗液排泄更为不畅，热量长期积聚体内散不出去，人更容易中暑。要预防桑拿天中暑就要多喝水，多吃

新鲜的水果和蔬菜，保证充足的水和营养；另外在桑拿天，要注意穿着宽松，尽量减少高强度运动，以免中暑。

桑拿天里，人们常使用风扇、空调等来降温，这样就会造成室内外的温差，所以在桑拿天要注意这个温差不要过大，以免造成伤风、感冒等症状；同时应注意饮食卫生，以免造成肠胃炎、食物中毒等感染类疾病。

知/识/链/接

人类由于具有完善的体温调节机制，能维持较恒定的体温，即37℃左右；最适宜人类生存的环境温度是23℃，处于此温度时，人体会感到最舒服，这也是最适于多数动植物生长发育的温度。但是这个环境温度不是绝对的，存在个体差异，所以最适宜人类生存的温度在18℃—25℃这个范围内。

↓桑拿天气中纳凉的人群

发威的"秋老虎"

秋天本应该是"秋高气爽"的季节，但是这样的天气有时候也会出现"暑热难当"的时候，人们把这称作"秋老虎"发威的天气。

"秋老虎"出现的原因

"秋老虎"是我国民间对立秋后重新出现短期回热天气的俗称。这里的关键含义是天气变凉后再次出现短期的炎热天气。"秋老虎"一般发生在8、9月之交。每年"秋老虎"持续的时间长短不一，半个月至两个月不等。

"秋老虎"天气出现的原因是控制我国天气变化的西太平洋副热带高压本来应该南移，但是却又向北抬再度控制江淮及附近地区，所以在该高压控制下的地区连日晴朗、日射强烈，形成晴朗少云的暑热天气，人们感到炎热难受，故称

"秋老虎"。"秋老虎"天气，虽然气温较高，但还是有别于盛夏的酷热，因为此时空气湿度小，空气干燥，早晚很凉爽，不至于热得让人喘不过气来。

应对"秋老虎"的办法

从中医角度来讲，这段时间由于空气中水分减少，很多与干燥有关的疾病会高发。此时的干燥为"秋燥"，感染到的燥邪为温燥，主要伤阴，即损害人体的津液。所以不论是健康人还是有慢性疾病的人，在这个时节都要多补充水分，多吃"凉"的食物。

初秋仍有夏季时候的高温，所以饮食上还应选择清暑纳凉的食物并持续一段时间。秋季气候忽凉忽热，加上天晴少雨，气候干燥，是伤风感冒的多发季节，所以要根据天气的变化及时增减衣服以防感冒。另外还要多做一些适宜的运动来起到强身健体的作用。

"秋老虎"，是民间老百姓根据历年的经验总结出的说法，在我国广为流传，意思是说，每年立秋之后的24天同样是很热的，就把这24天叫作24只"秋老虎"。这种在秋季的回温天气外国也有，欧洲人称之为"老妇夏"天气，北美人称之为"印第安夏"天气。

↓秋天的景色

如同 "温室" 般的地球

自工业革命以来，人类向大气中排放的二氧化碳等吸热性强的温室气体逐年增加，使得地表与低层大气温度增高，地球表面逐渐变热。因其作用类似于栽培农作物的温室，所以叫温室效应。

温室效应的成因

温室效应是典型的由人为因素导致的天气危害，主要是由于现代化工业社会过多燃烧煤炭、石油和天然气，而这些燃料燃烧后会放出大量的二氧化碳。二氧化碳具有吸热和隔热的功能，大气中二氧化碳增多的结果就是形成了一种无形的玻璃罩，使太阳辐射到地球上的热量无法向外层空间发散，导致地球表面变热，从而形成温室效应。

汽车尾气与工厂废气中含有大量的二氧化碳，而二氧化碳最可能导致温室效应。另外氯氟烃、甲烷、低空臭氧、氮氧化物等气体，和二氧化碳一样属于温室气体，都会使地球表面越来越热，从而增强温室效应。

温室效应除了与空气中二氧化碳等温室气体含量过多有关外，还与森林锐减、水资源破坏有关。树木和水源被破坏后，吸收热量的能力会下降，二氧化碳不能有效地被吸收，因此地面的温度会升高；过多的二氧化碳还导致了臭氧层被严重破坏，生态链因此被破坏，造成大量土地贫瘠，水污染和大气污染不断恶化，愈发加剧了温室效应的发生。

温室效应的危害

人类都希望生活在一个温暖的环境中，但是过度温暖的环境对于人来说有害而无益。地球表面逐渐温暖会带来温室效应，而温室效应带来的危害是显而易见的，天气逐渐变热，会导致土地干旱，沙漠化面积增大，地球上的病虫害随之增加。

南北极冰川融化，海平面不可避免地会上升，海滨城市以及岛国将面临被淹没的危险。而且气候会变得反常，海洋风暴逐渐增多，而随着气候的变化，北极冰融化后导致降雨量加强，大量淡水汇入北大西洋破坏了墨西哥暖流，一旦墨西哥暖流被切断后，人类将会迎来新的冰河时期，这一切，都将严重影响人类的生存。

温室效应对于人类来说，不是单一的危害，而是与人类未来的生态环境息息相关的，所以人类要切实关注温室效应的危害，学会保护环境。

◆ 解决温室效应的办法

为了拯救地球，警惕全球变暖，防止温室效应不断恶化，人类应该学会保护环境。

首先人们应尽量节约用电，少开汽车。因为发电需要烧煤，而汽车的燃料需要石油等资源，更重要的是它们会排放出二氧化碳等温室气体。

在生活中，也尽量不要过度使用空调和冰箱，因为它们不仅消耗大量的电能，而且空调排放气体中含有的甲烷，也是导致全球变暖的气体；冰箱制冷使用的氟利昂可以破坏臭氧层，这些都对环境不利。

另一方面保护好森林和海洋，不乱砍滥伐树木，不让海洋受到污染以保护浮游生物的生存。

可以通过植树造林、不践踏草坪等行动来保护绿色植物，使它们更多地吸收二氧化碳来帮助减缓温室效应。

↓正在冒烟的烟囱

可怕的逆温

事物的发展是有自己的规律的，但并不是自然界所有的事物都是按照规律来的，逆温就是大自然不正常的规律导致的一种自然现象。

什么是逆温

逆温是对流层中气温垂直分布的一种特殊现象。在低层大气中，通常气温是随高度的增加而降低的。底部温度应该高于上部，但有时在某些层次可能出现相反的情况，温度受地面影响极度下降，而上部只是缓慢下降，这时候就极易造成气温随高度的增加而升高，空气的上部温度高于底部，这种现象称为逆温。总的来说就是大气上空的温度高于底部的温度。

在自然界，逆温的形成常常是几种原因共同作用的结果。一是地面辐射冷却，二是空气平流冷却，三是空气下沉增温，四是空气的乱流混合，五是锋面上形成的逆温。这几种逆温都对天气有一定的影响。

逆温的危害

无论逆温是怎样形成的，只要逆温出现，对天气均有一定的影响。因为逆温现象发生时，暖而轻的空气位于较冷而重的空气上面，形成一种极其稳定的空气层笼罩在近地层的上空，严重地阻碍着空气的对流运动，这样对流就停止了。

也正是由于这种原因，近地层空气中的水汽、烟尘、汽车尾气以及各种有害气体不容易扩散，飘浮在逆温层下面的空气层中，形成云雾，降低了能见度，给交通运输带来影响。同时对流停止了，空气中的污染物不能及时扩散，加重了大气污染，给人们的生命财产带来危害。

图说经典百科

第七章

冰天雪地里的寒冬

　　严寒是冬季的特色。冬季常会有那么几天，极为寒冷，像民间所说的三九天，就是一年里最冷的天气。冬天虽然寒冷，但是正是由于这种冷，才使得万物中又多了一种美丽——冰的存在。冰或许就是这个季节送给人们的一个礼物了吧，冰花、冰洞、冰山这些都是相对于雪的另一种美丽，另一种享受。

三九里的严寒

"一九二九不出手，三九四九冰上走，五九六九沿河看柳，七九河开，八九燕来，九九加一九，耕牛遍地走。"这是中国传统的节气口诀。在人们看来，一年中最冷的时节就是三九、四九。

数九过冬

按照中国传统的节气口诀，我们可以学会计算"三九天"。

我国阴历有计算时令的"数九"说法，就是从冬至日算起，每9天为一"九"，第一个9天叫"一九"，第二个9天叫"二九"，以此类推，一直到"九九"数满81天为止。"三九"就是指冬至后的第三个9天，即冬至后的第19天到第27天。

最冷不过三九天

从中国传统口诀可以看出，

"三九天"是一年中最冷的时间。但在实际生活中，"三九天"并非指冬至后第三个9天，而是"三九"和"四九"相交之日，也就是冬至之后的第二个18天，这段时间是一年中最冷的时候。

从气象学来说，依然是"冷在三九"。因为到了"三九"，地面接收的太阳热量较少，夜间散热超过白天所吸收的热量，这时地面储存的热量已消耗殆尽，由于热量入不敷出，从而造成地面温度逐渐下降，天气越来越冷，如果有冷空气的影响，天气就变得极为严寒了，因此，"三九"天气最寒冷。

第七章　冰天雪地里的寒冬

↓冬天中的森林

灾害性"寒潮"

冬天是一年中最寒冷的季节，在冬天的寒冷天气中，还会出现比平常更为寒冷的天气，降温、大风，甚至大雪，这就是寒潮天气。

什么是寒潮

寒潮是冬季的一种灾害性天气，多发生在秋末和初春时节，人们习惯把寒潮称为寒流。所谓寒潮，就是一种大面积的冷空气侵袭，来自高纬度地区的寒冷空气向中低纬度地区侵入，并且在特定天气形势下迅速加强，造成沿途大范围的剧烈降温和大风、雨雪。

我国气象部门规定：只有冷空气侵入造成的降温引起气温24小时内下降8℃以上，且最低气温下降到4℃以下；或48小时内气温下降10℃以上，且最低气温下降到4℃

以下；或72小时内气温连续下降12℃以上，并且最低气温在4℃以下，则称此冷空气暴发过程为一次寒潮过程。可见，并不是每一次冷空气南下都称为寒潮。

寒潮发生的规律

高纬度地区全年受太阳光的斜射，由于太阳光照弱，地面和大气获得的热量少，常年冰天雪地。尤其是到了冬天，太阳光照射的角度越来越小，寒冷程度更加增强，范围扩大，因此，地面吸收的太阳光热量也越来越少，地表面的温度变得很低。气温很低，大气的密度就要大大增加，空气不断收缩下沉，使气压增高，这样便形成一个势力强大的冷高压气团。

范围很大的冷气团聚集到一定程度，在适宜的高空大气环流作用下，就会大规模向南入侵，形成寒潮天气。寒潮暴发后，气压也随之降低。但经过一段时间后，冷空气又重新聚集堆积起来，孕育着一次新的寒潮的暴发。

在不同的地域环境下寒潮暴发具有不同的特点。寒潮最大的特点就是气温急剧下降、变化异常，随之引起狂风呼啸，极易引发沙尘暴天气，有时陆上风力可达8级，海上风力可达10级，之后出现降水、大雪或者冻雨现象，寒潮过后还会出现低温和霜冻。

寒潮天气有益有弊

通常提起寒潮，人们想到的是强冷空气带来的大风、降温天气，把它当成一种灾害性天气，因为寒潮带来的雨雪和冰冻天气会对人的身体带来影响，大风降温天气容易引发感冒等疾病，有时还会使患者的病情加重。而且对人的生活也是一种考验，因为寒潮来袭会给人的出行带来不便，也给交通运输带来危害。

其实寒潮并不是一无是处的，对于人们的生活来说，它也有积极的影响。寒潮有助于地球表面的热量交换，寒潮携带大量冷空气向低纬度倾泻，使地面热量进行大规模的交换，这有助于自然界的生态保持平衡。而且寒潮会带来大范围的

雨雪天气，大雪覆盖在越冬农作物上，能起到抗寒保温作用。

雪水还有利于缓解冬天的旱情，使农作物受益。寒潮带来的低温，可大量杀死潜伏在土地中过冬的害虫和病菌，从而减少病虫害。寒潮还可能带来风资源，为风力发电提供保障。

↓渤海湾寒潮

春寒料峭的"倒春寒"

春天是一年中冷暖比较适宜的时候，但并不意味着"暖风熏得游人醉"的感觉时刻都存在，因为"春寒料峭"足以"寒气袭人"。

"倒春寒"形成原因

在春季天气回暖的过程中，会遇到冷空气的侵入，使气温明显降低，常常造成初春气温回升较快，而在春季后期气温较正常年份偏低的天气现象，这种"前春暖，后春寒"的天气称为倒春寒。

在气象学中，春季是气温、气流、气压等气象要素变化最无常的季节。进入3月，意味着春天的开始，这时候气温回升较快，真正的春天平均气温应该超过10℃。春天气候多变，虽然在逐步回暖，但早晚还是比较寒冷的，冷空气活动的次数也较为频繁，长期阴雨天气或频繁的冷空气侵袭，抑或持续冷高压控制下晴朗夜晚的强辐射冷却就造成气温下降，如果冷空气较强，可使气温猛降至10℃以下，甚至会出现雨雪天气，因此形成"倒春寒"现象。

"倒春寒"的危害

在中国的节气谚语中有"春捂秋冻"之说，就是告诉人们，虽然春天已经到来，但是还应该注意穿衣，春季气候的最大特点就是乍暖还寒，因为春季日夜温差较大；而且春季冷空气活动频繁，天气变化较多。

这种天气不仅会造成大范围地区农作物受冻害的现象，而且对于人的健康是非常不利的，一冷一热，温差较大，老人和孩子以及体质较弱的人容易生病，尤其心脑血管病人，春季是发病的高危季节，要及时注意保暖，并进行适当的锻炼。

冰川凝聚着地球的历史

在七大洲的寒冷地区，分布着大片的冰川。长期的严寒使水不断地结成冰，冰层不断地堆积，形成了自身独特的地理景观，这些白茫茫的冰川装点着冰的世界。

冰河世界

冰川也称冰河，是由大量的冰块堆积形成的。在终年冰封的高山或两极地区，多年的积雪经重力或冰河之间的压力，沿斜坡向下滑形成冰川。冰川分为大陆冰川和山岳冰川，受重力作用而移动的冰河称为山岳冰河，而受冰河之间的压力作用而移动的则称为大陆冰河或冰帽。如在南极和北极圈内的格陵兰岛上，冰川是发育在一片大陆上的，被称为大陆冰川；而在其他地区发育在高山上的冰川，被称为山岳冰川。

冰川是不断运动的，但是冰川的面积很大，所以它的运动速度是非常缓慢的。冰川是在严寒的气象条件下形成的产物，冰川一般产生在气候比较寒冷的地区，这些地方的水不断堆积后结成冰，遇到寒冷的气候最终形成巨大的冰川。

冰川范围在减少

冰川的覆盖范围较广，地球上陆地面积的1/10为冰川所覆盖，是地球上最大的淡水资源，4/5的淡水资源就储存于冰川之中，故冰川也是地球上继海洋之后最大的天然水库。

随着气候逐渐变暖，人类破坏环境导致全球气候不断恶化，世界上的冰川在不断地融化，欧洲山区冰川损失最为严重，阿尔卑斯山脉在过去一个世纪已失去了一半的冰川。占世界冰储量91%的南极冰盖，自1998年以来已经消失了1/7的冰体。冰川融

↑冰川

化导致的恶果不仅是全球的淡水资源减少，还可能导致海平面上升，这会对全球的气候造成严重的影响，而人类赖以生存的自然环境也会随之改变。

什么是"动冰川"

爆发式推进是冰川运动的一种特殊方式，它是冰川周期性发生的一种现象。人们将这种现象叫作冰川的"波动"行为，具有波动性质的冰川叫作"动冰川"。

冰川"波动"现象常会引起特大洪水等灾害。如印度河上游的一条冰川，它周期性地进入山谷，当它拦截河流时，就会形成大湖。湖水溃决时，就自然形成大洪水，造成巨大的灾害。新疆的叶尔羌河也周期性地发生过特大洪水，据推测，这也可能与冰川"波动"造成的冰湖溃决有关。

知/识/链/接

我们知道，冰川是不断运动的。冰川运动速度最快的要数美国阿拉斯加州安克雷奇和瓦尔迪兹之间的哥伦比亚冰川，它长54千米，宽4.8千米，最高点为910米。1999年它平均移动速度为35米/天，在过去的20年中它的移动速度加快了一倍。